確率分布と統計的な推測 短期学習ノート

　本書は，数学B「統計的な推測」の内容を短期間で学習するための問題集です。値を求める問題を中心に解くことにより，効率的に基本事項を確認，定着できるように編修しました。

● 本書の構成

　まとめ　各項目について，定義，性質などをまとめました。

　チェック　各項目における代表的な問題です。数値の穴埋め，用語の選択を中心にしました。また，解法の手順を ポイント で示しました。

　問題　チェック と同じレベルを中心にした典型的な問題です。

　チャレンジ問題　共通テスト・センター試験の過去問から，代表的な問題を精選しました。本書の内容を一通り学んだあとの確認や，大学入学共通テスト対策に活用してください。

JN126902

目　次

1 確率変数と確率分布

1 確率変数と確率分布

確率変数…1つの試行の結果に応じて値が定まり，それぞれの値に対応して確率が定まるような変数

確率分布…確率変数がとりうる値 x_1, x_2, x_3, $\cdots$, x_n と，

それぞれの値に対応する確率 p_1, p_2, p_3, $\cdots$, p_n の対応関係

確率変数 X が右の表のような分布に従うとき，次のことが成り立つ。

$p_1 \geqq 0$, $p_2 \geqq 0$, $p_3 \geqq 0$, $\cdots$, $p_n \geqq 0$

$p_1 + p_2 + p_3 + \cdots + p_n = 1$

X	x_1	x_2	$\cdots$	x_n	計
P	p_1	p_2	$\cdots$	p_n	1

確率変数 X が x_k をとる確率を $P(X = x_k)$ と表す。

また，X が a 以上 b 以下の値をとる確率を $P(a \leqq X \leqq b)$ と表す。

チェック1

白球4個と赤球2個が入った袋から2個の球を同時に取り出すとき，

その中に含まれている白球の個数を X とする。

X の確率分布と確率 $P(1 \leqq X \leqq 2)$ を求めよ。　　　　　　類2

解答 X のとりうる値は 0, 1, 2 である。

各値について，X がその値をとる確率を求めると

$$P(X = 0) = \frac{{}_4\mathrm{C}_0 \times {}_2\mathrm{C}_2}{{}_6\mathrm{C}_2} = \frac{1}{15}$$　　←白球0個，赤球2個

$$P(X = 1) = \frac{{}_4\mathrm{C}_1 \times {}_2\mathrm{C}_1}{{}_6\mathrm{C}_2} = \frac{8}{15}$$　　←白球1個，赤球1個

$$P(X = 2) = \frac{{}_4\mathrm{C}_2 \times {}_2\mathrm{C}_0}{{}_6\mathrm{C}_2} = \frac{6}{15}$$　　←白球2個，赤球0個

よって，X の確率分布は次のようになる。

X	0	1	2	計
P	ア	イ	ウ	エ

また　$P(1 \leqq X \leqq 2) = P(X = 1) + P(X = 2)$

$$= \text{オ}\,\boxed{}$$

参考

確率分布は，それぞれの確率を約分せずにかくことが多い。理由としては，

・確率分布表にまとめたとき，$p_1 + p_2 + p_3 + \cdots + p_n = 1$ となることがわかりやすい

・ここで約分をすると，その後の計算過程で通分が必要になる

などが挙げられる。

1　3 枚の硬貨を同時に投げるとき，表の出る枚数 X の確率分布を求めよ。

2　次の問いに答えよ。

(1)　100 円硬貨と 500 円硬貨を 1 枚ずつ投げるとき，表の出た硬貨の合計金額を X とする。X の確率分布と確率 $P(X \geqq 500)$ を求めよ。

(2)　白球 4 個と赤球 6 個が入った袋から 2 個の球を同時に取り出すとき，その中に含まれている赤球の個数を X とする。X の確率分布と確率 $P(1 \leqq X \leqq 2)$ を求めよ。

2 確率変数の期待値と分散・標準偏差

① 期待値（平均）・分散・標準偏差

確率変数 X が右の表のような分布に従うとき

X	x_1	x_2	$\cdots$	x_n	計
P	p_1	p_2	$\cdots$	p_n	1

期待値（平均）

$$E(X) = \sum_{k=1}^{n} x_k p_k = x_1 p_1 + x_2 p_2 + x_3 p_3 + \cdots + x_n p_n$$

X^2 の期待値

$$E(X^2) = \sum_{k=1}^{n} x_k{}^2 p_k = x_1{}^2 p_1 + x_2{}^2 p_2 + x_3{}^2 p_3 + \cdots + x_n{}^2 p_n$$

以下，$m = E(X)$ とすると

分散

$$V(X) = E((X-m)^2) = \sum_{k=1}^{n} (x_k - m)^2 p_k$$
$$= (x_1 - m)^2 p_1 + (x_2 - m)^2 p_2 + (x_3 - m)^2 p_3 + \cdots + (x_n - m)^2 p_n$$

標準偏差

$$\sigma(X) = \sqrt{V(X)} = \sqrt{\sum_{k=1}^{n} (x_k - m)^2 p_k}$$
$$= \sqrt{(x_1 - m)^2 p_1 + (x_2 - m)^2 p_2 + (x_3 - m)^2 p_3 + \cdots + (x_n - m)^2 p_n}$$

分散，標準偏差は次のように計算することもできる。

分散 $\qquad V(X) = E(X^2) - \{E(X)\}^2$

標準偏差 $\qquad \sigma(X) = \sqrt{E(X^2) - \{E(X)\}^2}$

チェック2

確率変数 X の確率分布が右の表のように与えられるとき，X の期待値 $E(X)$，分散 $V(X)$，標準偏差 $\sigma(X)$ を求めよ。　　類 4

X	3	4	6	計
P	$\dfrac{2}{6}$	$\dfrac{3}{6}$	$\dfrac{1}{6}$	1

解答 期待値は

$$E(X) = 3 \times \frac{2}{6} + 4 \times \frac{3}{6} + 6 \times \frac{1}{6} = {}^{ア}\boxed{}$$

分散は

$$V(X) = \left(3 - {}^{ア}\boxed{}\right)^2 \times \frac{2}{6} + \left(4 - {}^{ア}\boxed{}\right)^2 \times \frac{3}{6} + \left(6 - {}^{ア}\boxed{}\right)^2 \times \frac{1}{6}$$
$$= {}^{イ}\boxed{}$$

標準偏差は

$$\sigma(X) = \sqrt{V(X)} = {}^{ウ}\boxed{}$$

分散の別解 $E(X^2) = 3^2 \times \dfrac{2}{6} + 4^2 \times \dfrac{3}{6} + 6^2 \times \dfrac{1}{6} = {}^{エ}\boxed{}$ より

$$V(X) = E(X^2) - \{E(X)\}^2$$
$$= {}^{エ}\boxed{} - \left({}^{ア}\boxed{}\right)^2 = {}^{イ}\boxed{}$$

3 当たりくじ 2 本を含む 10 本のくじがある。このくじを同時に 3 本引いたときの当たりくじの本数を X とする。X の期待値 $E(X)$ と X^2 の期待値 $E(X^2)$ をそれぞれ求めよ。

4 確率変数 X の確率分布が右の表のように与えられるとき，X の期待値 $E(X)$，分散 $V(X)$，標準偏差 $\sigma(X)$ を求めよ。

X	0	1	2	3	計
P	$\dfrac{6}{18}$	$\dfrac{7}{18}$	$\dfrac{4}{18}$	$\dfrac{1}{18}$	1

5 白球 4 個，赤球 3 個が入った袋の中から同時に 3 個の球を取り出すとき，白球の個数 W の期待値 $E(W)$ と分散 $V(W)$ を求めよ。

6

3　$aX+b$ の期待値と分散・標準偏差

1　$aX+b$ の期待値と分散・標準偏差

期待値　$E(aX+b)=aE(X)+b$

分散　$V(aX+b)=a^2V(X)$

標準偏差　$\sigma(aX+b)=|a|\sigma(X)$

チェック 3

白球 3 個と赤球 2 個が入った袋から 1 個の球を取り出し，袋の中へ戻す。
この試行を 4 回繰り返すとき，白球が出る回数を W とする。　　**類 6**

(1) W の期待値 $E(W)$ と分散 $V(W)$ を求めよ。

(2) $X=$（白球の出る回数）$-$（赤球の出る回数）とするとき，X の期待値 $E(X)$ と分散 $V(X)$ を求めよ。

解答　(1) W のとりうる値それぞれについて，W がその値をとる確率を求めると

$$P(W=0)={}_4C_0\times\left(\frac{2}{5}\right)^4=\frac{16}{625}$$

$$P(W=1)={}_4C_1\times\frac{3}{5}\times\left(\frac{2}{5}\right)^3=\frac{96}{625}$$

$$P(W=2)={}_4C_2\times\left(\frac{3}{5}\right)^2\times\left(\frac{2}{5}\right)^2=\frac{216}{625}$$

$$P(W=3)={}_4C_3\times\left(\frac{3}{5}\right)^3\times\frac{2}{5}=\frac{216}{625}$$

$$P(W=4)={}_4C_4\times\left(\frac{3}{5}\right)^4=\frac{81}{625}$$

よって，W の確率分布は

W	0	1	2	3	4	計
P	$\frac{16}{625}$	$\frac{96}{625}$	$\frac{216}{625}$	$\frac{216}{625}$	$\frac{81}{625}$	1

ゆえに　$E(W)=$ ア ☐

$E(W^2)=$ イ ☐

$V(W)=E(W^2)-\{E(W)\}^2=$ ウ ☐

(2) $X=W-(4-W)=2W-4$ であるから　←白球が W 回，赤球が $4-W$ 回

$E(X)=E(2W-4)=$ エ ☐

$V(X)=V(2W-4)=$ オ ☐

6　確率変数 X の期待値は $E(X) = \dfrac{5}{3}$，分散は $V(X) = \dfrac{16}{3}$ である。確率変数 $Z = 3X + 5$ の期待値 $E(Z)$，分散 $V(Z)$，標準偏差 $\sigma(Z)$ を求めよ。

7　ある食品の摂取前と摂取後にそれぞれ一定量の血液に含まれる物質 A の量（単位は g）を測定し，その変化量を表す確率変数を X とする。この X の期待値は $E(X) = -7\,(\mathrm{g})$，標準偏差は $\sigma(X) = 5\,(\mathrm{g})$ とする。測定単位を変更して $W = 1000X$ とするとき，W の期待値と標準偏差を求めよ。

8　2, 4, 6, 8, 10 の数字がそれぞれ一つずつ書かれた 5 枚のカードが箱に入っている。この箱から 1 枚のカードを無作為に取り出すとき，そこに書かれた数字を表す確率変数を X とする。

(1)　X の期待値と分散を求めよ。

(2)　a, b を定数 $(a > 0)$ とするとき，$aX + b$ の期待値が 20，分散が 32 となるような a, b の値を求めよ。

(3)　a, b が(2)で求めた値のとき，$aX + b$ が 20 以上である確率を求めよ。

4　確率変数の和と積

1 確率変数の和の期待値

2つの確率変数 X, Y について　$E(X + Y) = E(X) + E(Y)$

2 独立な確率変数

2つの確率変数 X, Y について　$P(X = a, Y = b) = P(X = a) \cdot P(Y = b)$ がつねに成り立つとき，確率変数は X, Y は互いに独立であるという。

また，2つの独立な試行 S, T において，S における確率変数 X と，T における確率変数 Y とは互いに独立である。

3 独立な確率変数の積の期待値・和の分散

2つの独立な確率変数 X, Y について　$E(XY) = E(X)E(Y)$

$$V(X + Y) = V(X) + V(Y)$$

チェック4

1個のさいころを2回続けて投げるとき，1回目に出る目を X，2回目に出る目を Y とする。次の問いに答えよ。　類9

(1) $E(X + Y)$ を求めよ。　　　　(2) $E(XY)$ を求めよ。

(3) $V(X + Y)$ を求めよ。

ポイント　$E(XY) = E(X)E(Y)$, および $V(X + Y) = V(X) + V(Y)$ は，確率変数 X, Y が互いに独立であるときにのみ成り立つ。

解答 (1) $E(X) = 1 \times \dfrac{1}{6} + 2 \times \dfrac{1}{6} + 3 \times \dfrac{1}{6} + 4 \times \dfrac{1}{6} + 5 \times \dfrac{1}{6} + 6 \times \dfrac{1}{6} = \dfrac{7}{2}$

同様に　$E(Y) = \dfrac{7}{2}$

よって　$E(X + Y) = E(X) + E(Y) = {}^{\text{ア}}\boxed{}$

←X, Y が互いに独立かどうかにかかわらず成り立つ

(2) 確率変数 X, Y は互いに独立であるから

$E(XY) = E(X)E(Y) = {}^{\text{イ}}\boxed{}$

(3) $V(X) = E(X^2) - \{E(X)\}^2$

$= \left(1^2 \times \dfrac{1}{6} + 2^2 \times \dfrac{1}{6} + 3^2 \times \dfrac{1}{6} + 4^2 \times \dfrac{1}{6} + 5^2 \times \dfrac{1}{6} + 6^2 \times \dfrac{1}{6}\right) - \left(\dfrac{7}{2}\right)^2$

$= \dfrac{35}{12}$

同様に　$V(Y) = \dfrac{35}{12}$

確率変数 X, Y は互いに独立であるから

$V(X + Y) = V(X) + V(Y) = {}^{\text{ウ}}\boxed{}$

9 A の袋には 1, 2, 3 と書かれた球がそれぞれ 1 個, 2 個, 3 個の合計 6 個入っており, B の袋には 0, 1, 2 と書かれた球がそれぞれ 3 個, 4 個, 5 個の合計 12 個入っている。 それぞれの袋の中から 1 個ずつ球を取り出すとき, A の袋から取り出した球に書かれた 数を X, B の袋から取り出した球に書かれた数を Y とする。次の問いに答えよ。
(1) $E(X+Y)$ を求めよ。

(2) $E(XY)$ を求めよ。

(3) $V(X+Y)$ を求めよ。

10 大中小 3 個のさいころを投げるとき, 次の問いに答えよ。
(1) 出る目の和の期待値を求めよ。

(2) 出る目の積の期待値を求めよ。

(3) 出る目の和の分散を求めよ。

5 二項分布

1 二項分布

1回の試行で事象 A が起こる確率が p のとき,

この試行を n 回行う反復試行において,

A の起こる回数を X とすると, $X = r$ となる確率は,

$q = 1 - p$ とすると

$$P(X = r) = {}_nC_r p^r q^{n-r} \quad (r = 0, \ 1, \ 2, \ 3, \ \cdots, \ n)$$

確率変数 X の確率分布が上の式で与えられるとき, X は二項分布 $B(n, \ p)$ に従うという。

2 二項分布の期待値と分散・標準偏差

確率変数 X が二項分布 $B(n, \ p)$ に従うとき, $q = 1 - p$ とすると

期待値 $E(X) = np$

分散 $V(X) = npq$

標準偏差 $\sigma(X) = \sqrt{V(X)} = \sqrt{npq}$

チェック 5

ある国の国民の血液型は 20 % の割合で B 型である。5 人の国民を無作為に選んだときに含まれる B 型の人数を X とする。次の問いに答えよ。

(1) X はどのような確率分布に従うか。

(2) 確率 $P(X \geqq 4)$ を求めよ。 類 **11**

(3) X の期待値 $E(X)$, 分散 $V(X)$ と標準偏差 $\sigma(X)$ を求めよ。 類 **12**

解答 (1) $P(X = r) = {}_5C_r \left(\dfrac{1}{5}\right)^r \left(\dfrac{4}{5}\right)^{5-r} \quad (r = 0, \ 1, \ 2, \ 3, \ 4, \ 5)$

であるから, 確率変数 X は

二項分布 $B\left({}^{\mathcal{P}}\boxed{}, \ {}^{\mathcal{A}}\boxed{}\right)$

に従う。

(2) $P(X \geqq 4) = P(X = 4) + P(X = 5)$

$$= {}_5C_4 \left(\frac{1}{5}\right)^4 \left(\frac{4}{5}\right)^1 + {}_5C_5 \left(\frac{1}{5}\right)^5 \left(\frac{4}{5}\right)^0$$

$$= \frac{{}^{\mathcal{D}}\boxed{}}{5^5} + \frac{{}^{\mathcal{I}}\boxed{}}{5^5} = \frac{{}^{\mathcal{I}}\boxed{}}{5^5}$$

(3) $E(X) = {}^{\mathcal{D}}\boxed{}$

$V(X) = {}^{\mathcal{I}}\boxed{}$

$\sigma(X) = {}^{\mathcal{D}}\boxed{}$

11 赤球 3 個と白球 2 個が入っている袋から球を 1 個取り出し，色を確認してもとに戻す試行を 4 回繰り返す。4 回のうち赤球を取り出した回数を X とする。X はどのような確率分布に従うか。また，確率 $P(X \leqq 1)$ を求めよ。

12 次の問いに答えよ。
(1) 1 枚の硬貨を 10 回投げるとき，表の出る回数 X の期待値，分散，標準偏差を求めよ。

(2) さいころを 360 回投げるとき，1 の目が出る回数 X の期待値，分散，標準偏差を求めよ。

13 1 回の試行において，事象 A の起こる確率が p，起こらない確率が $1-p$ であるとする。この試行を n 回繰り返すとき，事象 A の起こる回数を X とする。確率変数 X の期待値 m が $\dfrac{1216}{27}$，標準偏差 σ が $\dfrac{152}{27}$ であるとき，n，p の値を求めよ。

6 連続型確率変数と確率密度関数

1 連続型確率変数と確率密度関数

離散型確率変数…とびとびの値をとる確率変数   **例** ものの個数，事象が起こった回数

連続型確率変数…連続した値をとる確率変数   **例** 液体の量，切り取ったテープの長さ

連続型確率変数 X の分布曲線が $y = f(x)$ で表されるとき，関数 $f(x)$ を確率密度関数という。

2 確率密度関数の性質

① $f(x) \geqq 0$

② $P(a \leqq X \leqq b) = \int_a^b f(x)dx$ ←右の図の灰色部分

③ 曲線 $y = f(x)$ と x 軸ではさまれた部分の面積は 1

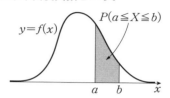

チェック6

区間 $0 \leqq X \leqq 1$ のすべての値をとる確率変数 X の確率密度関数 $f(x)$ が $f(x) = 2x$ であるとき，次の確率を求めよ。   **類 14**

(1) $P\left(0 \leqq X \leqq \dfrac{1}{2}\right)$ (2) $P\left(\dfrac{1}{2} \leqq X \leqq 1\right)$

解答 (1) 求める確率は，右の図の灰色の部分の面積に等しいから

$$P\left(0 \leqq X \leqq \dfrac{1}{2}\right) = {}^ア\boxed{}$$

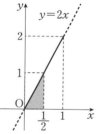

(2) 求める確率は，右の図の灰色の部分の面積に等しいから

$$P\left(\dfrac{1}{2} \leqq X \leqq 1\right) = {}^イ\boxed{}$$

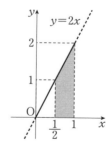

参考

連続型確率変数 X の確率密度関数が $f(x)$ であるとき，

X の期待値 $E(X)$，分散 $V(X)$，標準偏差 $\sigma(X)$ は

$$E(X) = \int_a^b xf(x)dx, \qquad V(X) = \int_a^b (x-m)^2 f(x)dx, \qquad \sigma(X) = \sqrt{V(X)}$$

ただし，$E(X) = m$

14 区間 $0 \leqq X \leqq 2$ のすべての値をとる確率変数 X の確率密度関数 $f(x)$ が $f(x) = \dfrac{1}{2}x$ であるとき，次の確率を求めよ。

(1) $P(0 \leqq X \leqq 1)$

(2) $P(1 \leqq X \leqq 1.5)$

15 区間 $0 \leqq X \leqq 2$ のすべての値をとる確率変数 X の確率密度関数が $f(x) = a(2-x)$ であるとき，定数 a の値を求めよ。また，このとき，確率 $P(1 \leqq X \leqq 2)$ を求めよ。

7　正規分布

① 正規分布

連続型確率変数 X の確率密度関数 $f(x)$ が，m を実数，σ を正の実数として

$$f(x) = \frac{1}{\sqrt{2\pi}\,\sigma} e^{-\frac{(x-m)^2}{2\sigma^2}}$$

で表されるとき，X の分布は

　　平均 m，標準偏差 σ の **正規分布** といい，$N(m, \sigma^2)$ と表す。

このとき，$y = f(x)$ のグラフを正規分布曲線という。

確率変数 X が正規分布 $N(m, \sigma^2)$ に従うとき

　　　期待値 $E(x) = m$，標準偏差 $\sigma(X) = \sigma$

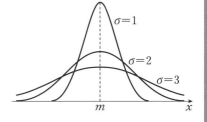

② 標準正規分布と正規分布表

平均 0，標準偏差 1 の正規分布 $N(0, 1)$ を **標準正規分布** という。

標準正規分布に従う確率変数 Z に対して，

確率 $P(0 \le Z \le t)$ の値を表にまとめたものを，

正規分布表（39 ページに掲載）という。

例　$P(0 \le Z \le 1) = 0.3413$,　　$P(0 \le Z \le 1.42) = 0.4222$

t	.00	.01	.02	$\cdots$
0.0	0.0000	0.0040	0.0080	
0.1	0.0398	0.0438	0.0478	
$\vdots$	$\vdots$	$\vdots$	$\vdots$	
1.0	0.3413	0.3438	0.3461	
$\vdots$	$\vdots$	$\vdots$	$\vdots$	
1.4	0.4192	0.4207	0.4222	

↑t と対応する $P(0 \le Z \le t)$
の値を表から読む

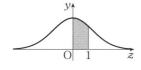

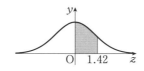

チェック7

　　　　確率変数 Z が標準正規分布 $N(0, 1)$ に従うとき，次の確率を求めよ。　　**類 16**

(1)　$P(0 \le Z \le 1.5)$　　　(2)　$P(-2 \le Z \le 1)$　　　(3)　$P(Z \le -0.2)$

ポイント　標準正規分布曲線は y 軸に関して左右対称であるから

　　　・$P(Z \ge 0) = P(Z \le 0) = 0.5$

　　　・$P(-t \le Z \le 0) = P(0 \le Z \le t)$

解答　(1)　$P(0 \le Z \le 1.5) = $ ア〔　　　〕

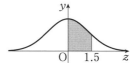

(2)　$P(-2 \le Z \le 1)$

　　$= P(-2 \le Z \le 0) + P(0 \le Z \le 1)$

　　$= P(0 \le Z \le 2) + P(0 \le Z \le 1)$

　　$= $ イ〔　　　〕$+$ ウ〔　　　〕$= $ エ〔　　　〕

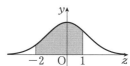

(3)　$P(Z \le -0.2)$

　　$= P(Z \le 0) - P(-0.2 \le Z \le 0)$

　　$= P(Z \le 0) - P(0 \le Z \le 0.2)$

　　$= $ オ〔　　　〕$-$ カ〔　　　〕$= $ キ〔　　　〕

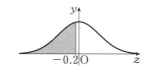

16 確率変数 Z が標準正規分布 $N(0, 1)$ に従うとき，次の確率を求めよ。

(1) $P(0 \leq Z \leq 1.8)$

(2) $P(-1 \leq Z \leq 0)$

(3) $P(-3 \leq Z \leq 1)$

(4) $P(|Z| \leq 2)$

(5) $P(Z \geq 1.4)$

(6) $P(Z \leq 2.5)$

17 確率変数 Z が標準正規分布 $N(0, 1)$ に従うとする。次の等式を満たす実数 t を求めよ。

(1) $P(-1 \leq Z \leq t) = 0.699$

(2) $P(|Z| \leq t) = 0.95$

8　確率変数の標準化

1 確率変数の標準化

確率変数 X が正規分布 $N(m, \sigma^2)$ に従うとき，確率変数 Z を

$$Z = \frac{X - m}{\sigma}$$

とおくと，確率変数 Z は標準正規分布 $N(0, 1)$ に従う。

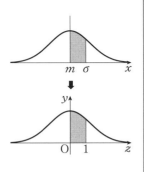

チェック 8

確率変数 X が正規分布 $N(50, 10^2)$ に従うとき，次の確率を求めよ。　類 18

(1) $P(30 \leqq X \leqq 60)$ 　　　　　(2) $P(X \geqq 65)$

ポイント　① 確率変数を標準化する。

② 標準化したあとの確率計算は，正規分布表を利用する。

解答　確率変数 X が正規分布 $N(50, 10^2)$ に従うから

$$Z = \frac{X - \boxed{}}{\boxed{}}$$

とおくと，確率変数 Z は標準正規分布 $N(0, 1)$ に従う。

(1) $X = 30$ のとき　$Z = \boxed{}$

　　$X = 60$ のとき　$Z = \boxed{}$

であるから

$P(30 \leqq X \leqq 60)$

$= P\left(\boxed{} \leqq Z \leqq \boxed{} \right)$

$= \boxed{}$

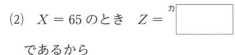

(2) $X = 65$ のとき　$Z = \boxed{}$

であるから

$P(X \geqq 65) = P\left(Z \geqq \boxed{} \right)$

$= \boxed{}$

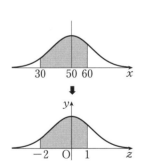

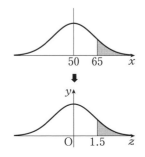

18 確率変数 X が正規分布 $N(60, 20^2)$ に従うとき，次の確率を求めよ。

(1) $P(60 \leqq X \leqq 70)$ ／／／／／ (2) $P(40 \leqq X \leqq 80)$

(3) $P(X \leqq 70)$ ／／／／／ (4) $P(80 \leqq X \leqq 90)$

19 ある製品 1 個の長さ X は平均 69 cm，標準偏差 0.4 cm の正規分布に従うものとする。長さが 68 cm 以上 70 cm 以下の製品を正規品とするとき，10,000 個の製品の中には正規品は何個含まれると予想されるか求めよ。

9 二項分布の正規分布による近似

1 二項分布の正規分布による近似

一般に，n の値が大きくなるほど，
二項分布は正規分布に近づいていく。

よって，二項分布 $B(n, p)$ は，n が十分大きいとき，
$q = 1 - p$ とすると，正規分布 $N(np, npq)$ に近似できる。

すなわち，n が十分大きいとき

$$Z = \frac{X - np}{\sqrt{npq}} \qquad \leftarrow Z = \frac{X - m}{\sigma} \text{ において } \begin{cases} m = np \\ \sigma = \sqrt{npq} \end{cases}$$

とおくと，Z は近似的に標準正規分布 $N(0, 1)$ に従う。

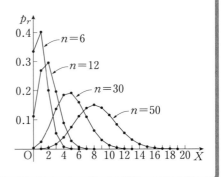

チェック 9

50 % の確率で景品が当たるキャンペーンに 144 回応募したとき，
75 回以上当たる確率を求めよ。 類 20

解答 景品が当たる回数を X とすると，確率変数 X は二項分布

$$B\left(144, \frac{1}{2}\right)$$

に従う。

$$E(X) = 144 \times \frac{1}{2} = 72 \qquad\qquad \leftarrow E(X) = np$$

$$\sigma(X) = \sqrt{V(X)} = \sqrt{144 \times \frac{1}{2} \times \frac{1}{2}} = 6 \quad \leftarrow \sigma(X) = \sqrt{V(X)} = \sqrt{npq}$$

144 は十分大きい値であるから，X は近似的に正規分布

$$N\left(\overset{\text{ア}}{\boxed{}}, \overset{\text{イ}}{\boxed{}}\right) \qquad\qquad \leftarrow N(np, npq)$$

に従う。ここで

$$Z = \frac{X - \overset{\text{ウ}}{\boxed{}}}{\overset{\text{エ}}{\boxed{}}}$$

とおくと，Z は近似的に標準正規分布 $N(0, 1)$ に従う。

$$X = 75 \text{ のとき } \quad Z = \overset{\text{オ}}{\boxed{}}$$

であるから

$$P(X \geqq 75) = P\left(Z \geqq \overset{\text{オ}}{\boxed{}}\right)$$

$$= \overset{\text{カ}}{\boxed{}}$$

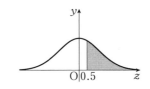

20 1枚の硬貨を 400 回投げるとき，表が 230 回以上出る確率を求めよ。

21 1個のさいころを 720 回投げるとき，6 の目が 110 回以上出る確率を求めよ。

参考

このページで考えた「景品の当たる回数」や「表の出る回数」といった変数は，
離散型確率変数である。
たとえば，チェック 9 を二項分布の正規分布による近似を用いずに解くと
　　景品が n 回当たる確率を P_n として　$P_{75}+P_{76}+P_{77}+\cdots+P_{144}$
を求めることとなり，極めて煩雑になる。

10 母集団と標本

1 母集団と標本

全数調査…対象となる集団の全部について調べる調査　　　　**例** 国勢調査，学校の健康診断

標本調査…対象となる集団の一部を調べて，全体を推測する調査　**例** 世論調査，製品の品質調査

母集団…調査の対象となる人やものなどの集まり

標本…調査のために母集団から取り出された個体の集まり

変量…個体の特性を表す数量　　　　　　　　　　　　　　　　**例** 身長，体重

抽出…母集団から標本を取り出すこと

母集団の大きさ…母集団に含まれる個体の個数

標本の大きさ…標本に含まれる個体の個数

無作為抽出…母集団のどの個体も標本として取り出される確率が等しくなるように抽出すること

無作為標本…無作為抽出により取り出される標本

復元抽出…個体を1個取り出して記録した後，その個体を戻してから次の個体を取り出す抽出方法
　　母集団が十分大きければ，復元抽出と非復元抽出はほぼ同じものであるとみなせる。

2 母集団分布

母集団の変量 X がある確率変数となるとき，X の確率分布を **母集団分布** という。

母集団分布の平均，分散，標準偏差をそれぞれ **母平均**，**母分散**，**母標準偏差** という。

チェック 10

1，2，3，4 の数字が書かれたカードが，それぞれ4枚，3枚，2枚，1枚ずつある。これを母集団として，カードの数字を X とするとき，変量 X の母平均 m，母分散 σ^2，母標準偏差 σ を求めよ。　　**類 23**

解答 カードに書かれている数字 X の母集団分布は次のようになる。
よって

X	1	2	3	4	計
P	$\frac{4}{10}$	$\frac{3}{10}$	$\frac{2}{10}$	$\frac{1}{10}$	1

$$m = 1 \times \frac{4}{10} + 2 \times \frac{3}{10} + 3 \times \frac{2}{10} + 4 \times \frac{1}{10} = {}^{\text{ア}}\boxed{}$$

$$\sigma^2 = \left(1 - {}^{\text{ア}}\boxed{}\right)^2 \times \frac{4}{10} + \left(2 - {}^{\text{ア}}\boxed{}\right)^2 \times \frac{3}{10}$$

$$+ \left(3 - {}^{\text{ア}}\boxed{}\right)^2 \times \frac{2}{10} + \left(4 - {}^{\text{ア}}\boxed{}\right)^2 \times \frac{1}{10}$$

$$= {}^{\text{イ}}\boxed{}$$

$$\sigma = \sqrt{{}^{\text{イ}}\boxed{}} = {}^{\text{ウ}}\boxed{}$$

母分散の別解　$\sigma^2 = \left(1^2 \times \frac{4}{10} + 2^2 \times \frac{3}{10} + 3^2 \times \frac{2}{10} + 4^2 \times \frac{1}{10}\right) - {}^{\text{ア}}\boxed{}^2 = {}^{\text{イ}}\boxed{}$

22 次の問いに答えよ。

(1) 高校生を対象としたキャリア教育の実施状況について調べるため，全国のすべての高等学校の代表者宛てにアンケート用紙を郵送した。この調査は ☐ A ☐ であり，その母集団は ☐ B ☐ である。

☐ A ☐ と ☐ B ☐ にあてはまる用語として最も適切な組み合わせを，次の①～⑤のうちから一つ選べ。

① A：標本調査　B：全国の高校生
② A：標本調査　B：全国の高等学校
③ A：無作為　　B：全国の高等生
④ A：全数調査　B：全国の高校生
⑤ A：全数調査　B：全国の高等学校

(2) 自動車の部品を製造している会社では，その部品の品質を調べるため，完成した部品の一部を検査している。この調査は ☐ C ☐ であり，その母集団は ☐ D ☐ である。

☐ C ☐ と ☐ D ☐ にあてはまる用語として最も適切な組み合わせを，次の①～⑤のうちから一つ選べ。

① C：標本調査　D：自動車
② C：標本調査　D：完成した部品
③ C：無作為　　D：自動車
④ C：全数調査　D：完成した部品
⑤ C：全数調査　D：自動車

23 あるクイズに 20 人が参加した。このうち，得点が 0 点，1 点，2 点，3 点であった人は，それぞれ 4 人，6 人，8 人，2 人であった。この 20 人を母集団とし，得点を変量 X とするとき，母平均 m，母分散 σ^2，母標準偏差 σ を求めよ。

11 標本平均の期待値と標準偏差

1 標本平均

母集団から無作為抽出した大きさ n の標本の変量を $X_1,\ X_2,\ \cdots,\ X_n$ とするとき

$$\overline{X} = \frac{X_1 + X_2 + \cdots + X_n}{n}$$

を標本平均という。

この標本平均は，標本を抽出する試行それぞれに定まる確率変数である。

例 ある工場で生産される製品から無作為に 5 個選んで重さが次の通りだった場合

99，98，101，99，103 （g）

標本平均は

$$\overline{X} = \frac{99 + 98 + 101 + 99 + 103}{5} = 100$$

となる。

2 標本平均の期待値・分散・標準偏差

母平均 m，母標準偏差 σ の母集団から大きさ n の標本を復元抽出するとき，標本平均 $\overline{X}$ の期待値・分散・標準偏差は

$$E(\overline{X}) = m, \ V(\overline{X}) = \frac{\sigma^2}{n}, \ \sigma(\overline{X}) = \sqrt{V(\overline{X})} = \frac{\sigma}{\sqrt{n}}$$

チェック 11

数字 1 が書かれた球が 10 個，数字 2 が書かれた球が 20 個，数字 3 が書かれた球が 30 個入っている袋がある。この 60 個の球を母集団とし，球に書かれた数字を変量 X と考える。大きさ 100 の標本を復元抽出するとき，標本平均 $\overline{X}$ の期待値 $E(\overline{X})$ および標準偏差 $\sigma(\overline{X})$ を求めよ。 類 24

解答 X の母集団分布は次のようになる。

X	1	2	3	計
P	$\frac{10}{60}$	$\frac{20}{60}$	$\frac{30}{60}$	1

よって，母平均 m，母分散 σ^2，母標準偏差 σ は

$$m = 1 \times \frac{10}{60} + 2 \times \frac{20}{60} + 3 \times \frac{30}{60} = \boxed{}$$

$$\sigma^2 = \left(1^2 \times \frac{10}{60} + 2^2 \times \frac{20}{60} + 3^2 \times \frac{30}{60}\right) - \left(\boxed{}\right)^2$$

$$= \boxed{}$$

$$\sigma = \sqrt{\boxed{}} = \boxed{}$$

であるから，標本平均 $\overline{X}$ の期待値と標準偏差は

$$E(\overline{X}) = m = \boxed{}$$

$$\sigma(\overline{X}) = \frac{\sigma}{\sqrt{n}} = \boxed{}$$

24 母平均 50，母標準偏差 10 の母集団から，大きさ 25 の標本を復元抽出するとき，その標本平均の期待値，標準偏差を求めよ。

25 ある工場で製造される製品が多数あって，不良品となる割合は $\dfrac{1}{10}$ であるとする。この工場の製品から無作為に n 個を抽出するとき，k 番目に抽出された製品が不良品ならば 1，良品ならば 0 の値を対応させる確率変数を X_k とする。

(1) 標本平均 $\overline{X} = \dfrac{X_1 + X_2 + \cdots + X_n}{n}$ の期待値 $E(\overline{X})$ を求めよ。

(2) 標本平均 $\overline{X}$ の標準偏差 $\sigma(\overline{X})$ を 0.03 以下にするためには，抽出される標本の大きさは少なくとも何個以上必要であるか。

12 標本平均の分布

1 母集団と標本

母平均 m, 母標準偏差 σ の母集団から大きさ n の
標本を無作為抽出するとき,

母集団分布が偏っていても, n が大きくなるにつれて,
標本平均の分布は, 母平均を中心とした左右対称の
山型の分布（正規分布）に近づいていく。

標本平均 $\overline{X}$ の標準偏差は $\sigma(\overline{X}) = \dfrac{\sigma}{\sqrt{n}}$ であるから,

n が大きければ, 標本平均 $\overline{X}$ は近似的に正規分布

$N\left(m, \left(\dfrac{\sigma}{\sqrt{n}}\right)^2\right)$, すなわち $N\left(m, \dfrac{\sigma^2}{n}\right)$ に従う。

例

X	1	2	3	…	8	9	計
P	$\frac{1}{45}$	$\frac{2}{45}$	$\frac{3}{45}$	…	$\frac{8}{45}$	$\frac{9}{45}$	1

となる母集団から復元抽出すると

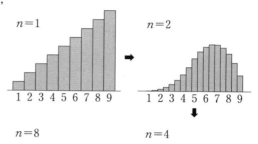

2 大数の法則

母平均 m の母集団から, 大きさ n の標本を
無作為抽出するとき, n が大きくなるにつれて,
その標本平均 $\overline{X}$ は母平均 m に近づいていく。

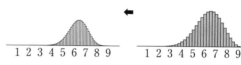

チェック12

母平均 120, 母標準偏差 16 の母集団から大きさ 100 の標本を抽出するとき,
標本平均 $\overline{X}$ について, 確率 $P(\overline{X} \leqq 118)$ を求めよ。　　　類 26

ポイント　① 標本平均の分布を正規分布に近似する。
　　　　　② 標準化して, 正規分布を利用して確率を求める。

解答　標本の大きさが 100 で十分大きいから,
標本平均 $\overline{X}$ は近似的に

正規分布 $N\left(\boxed{}^{\text{ア}}, \boxed{}^{\text{イ}2}\right)$　　←平均 120, 標準偏差 $\dfrac{16}{\sqrt{100}}$

に従う。

よって, $Z = \dfrac{\overline{X} - \boxed{}^{\text{ウ}}}{\boxed{}^{\text{エ}}}$ とおくと,

Z は近似的に標準正規分布 $N(0, 1)$ に従う。

$\overline{X} = 118$ のとき　$Z = \boxed{}^{\text{オ}}$

であるから

$$P(\overline{X} \leqq 118) = P\left(Z \leqq \boxed{}^{\text{オ}}\right)$$

$$= \boxed{}^{\text{カ}}$$

26 母平均 150 g，母標準偏差 30 g のジャガイモから 100 個の標本を無作為抽出するとき，標本平均 $\overline{X}$ について，確率 $P(\overline{X} \leqq 156)$ を求めよ。

27 ある生物の体長は平均 165 mm，標準偏差 10 mm の正規分布に従うという。この生物の中から無作為に標本を選んで平均体長 $\overline{X}$ を考えるとき，次の問いに答えよ。

(1) 無作為に 100 個の個体を選んだとき，$P(163 \leqq \overline{X} \leqq 167)$ を求めよ。

(2) 無作為に n 個の個体を選んだとき，$P(164 \leqq \overline{X} \leqq 166) \geqq 0.8664$ となるのは，n がどのような範囲のときか。

13 母平均の推定

1 母平均の推定

母標準偏差 σ の母集団から，大きさ n の標本を抽出するとき，
n が十分大きければ，母平均 m に対する信頼区間は

信頼度 95 % では $\overline{X} - 1.96 \times \dfrac{\sigma}{\sqrt{n}} \leqq m \leqq \overline{X} + 1.96 \times \dfrac{\sigma}{\sqrt{n}}$

証明 母平均 m，母標準偏差 σ の母集団から大きさ n の標本を無作為抽出するとき，

n が大きければ，標本平均 $\overline{X}$ は近似的に $N\left(m, \dfrac{\sigma^2}{n}\right)$ に従う。

よって，$Z = \dfrac{\overline{X} - m}{\dfrac{\sigma}{\sqrt{n}}}$ とおくと，Z は近似的に標準正規分布 $N(0, 1)$ に従う。

ここで $P(-k \leqq Z \leqq k) = 0.95$
とおくと $2 \times P(0 \leqq Z \leqq k) = 0.95$
すなわち $P(0 \leqq Z \leqq k) = 0.475$
であるから，正規分布表より $k = 1.96$

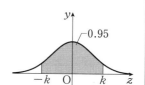

$-1.96 \leqq Z \leqq 1.96$ すなわち $-1.96 \leqq \dfrac{\overline{X} - m}{\dfrac{\sigma}{\sqrt{n}}} \leqq 1.96$ は

$$\overline{X} - 1.96 \times \frac{\sigma}{\sqrt{n}} \leqq m \leqq \overline{X} + 1.96 \times \frac{\sigma}{\sqrt{n}}$$

と変形できるから

$$P\left(\overline{X} - 1.96 \times \frac{\sigma}{\sqrt{n}} \leqq m \leqq \overline{X} + 1.96 \times \frac{\sigma}{\sqrt{n}}\right) \fallingdotseq 0.95 \qquad (終)$$

注意 母集団について，母平均だけでなく，母標準偏差もわからないことが多い。
標本の大きさが十分大きければ，母標準偏差の代わりに標本の標準偏差を用いても大差ない
ため，このような場合には，標本の標準偏差を用いて推定してもよいことが知られている。

チェック 13

大量のたまねぎから 400 個の標本を無作為抽出して 1 個あたりの重さを測定し
たところ，平均値 150 g，標準偏差 30 g であった。このたまねぎの全体の 1 個
あたりの重さの平均 m を信頼度 95 % で推定せよ。 類 29 (1)

解答 母標準偏差の代わりに標本の標準偏差を用いると，

信頼度 95 % の信頼区間は $\leftarrow P(-1.96 \leqq Z \leqq 1.96) = 0.95$

$150 - \boxed{}^{ア} \times \dfrac{30}{\sqrt{400}} \leqq m \leqq 150 + \boxed{}^{イ} \times \dfrac{30}{\sqrt{400}}$

よって $150 - \boxed{}^{ウ} \leqq m \leqq 150 + \boxed{}^{エ}$

ゆえに，重さの平均 (m) は $\boxed{}^{オ} \leqq m \leqq \boxed{}^{カ}$ と推定できる。

28 母標準偏差が 6 である母集団から大きさ 400 の標本を無作為抽出したところ，標本平均が 23.5 であった。母平均 m に対する信頼度 95 % の信頼区間を求めよ。

29 ある動物用の新しい飼料を試作した。無作為に抽出した 100 匹にこの新しい飼料を毎日与えて 1 週間後に体重の変化を調べたところ，増加量の平均値は 2.57 kg，標準偏差は 0.35 kg であった。この増加量について，次の問いに答えよ。

(1) 増加量の平均値 m を信頼度 95 % で推定せよ。

(2) 増加量の平均値 m について，信頼度 95 % の信頼区間の幅を 0.1 kg 以下にするには標本を何匹以上にすればよいか。

参考
信頼度が 95 % 以外の場合でも，同様に信頼区間を求めることができる。
たとえば，信頼度 99 % の信頼区間については，
$$P(-2.58 \leqq Z \leqq 2.58) = 2 \times P(0 \leqq Z \leqq 2.58) = 2 \times 0.495 = 0.99$$
より，信頼度 95 % の信頼区間と同様に考えて
$$\overline{X} - 2.58 \times \frac{\sigma}{\sqrt{n}} \leqq m \leqq \overline{X} + 2.58 \times \frac{\sigma}{\sqrt{n}}$$

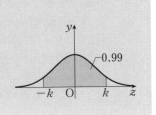

14 母比率の推定

① 母比率の推定

母比率…母集団において，ある特定の性質 A をもつものの割合

標本比率…標本において，ある特定の性質 A をもつものの割合

大きさ n の標本の標本比率を $\overline{p}$ とするとき，n が十分大きければ，

母比率 p に対する信頼度 95 % の信頼区間は

$$\overline{p} - 1.96\sqrt{\frac{\overline{p}(1-\overline{p})}{n}} \leqq p \leqq \overline{p} + 1.96\sqrt{\frac{\overline{p}(1-\overline{p})}{n}}$$

証明 標本に含まれる性質 A をもつものの個数 X は二項分布 $B(n, p)$ に従うから，

n が十分大きければ，$q = 1 - p$ として，X は近似的に正規分布 $N(np, np(1-p))$ に従う。

よって，$Z = \dfrac{X - np}{\sqrt{np(1-p)}}$ とおくと，Z は近似的に標準正規分布 $N(0, 1)$ に従う。

ここで $P(-k \leqq Z \leqq k) = 0.95$

とすると $2 \times P(0 \leqq Z \leqq k) = 0.95$

すなわち $P \times (0 \leqq Z \leqq k) = 0.475$

であるから，正規分布表より $k = 1.96$

$P(-1.96 \leqq Z \leqq 1.96) = 0.95$

すなわち $P\left(-1.96 \leqq \dfrac{X - np}{\sqrt{np(1-p)}} \leqq 1.96\right) = 0.95$

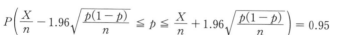

の左辺のかっこの中を変形すると

各辺に $\sqrt{np(1-p)}$ を掛けて
←各辺から X を引いて
各辺を $-n$ で割る

$$P\left(\frac{X}{n} - 1.96\sqrt{\frac{p(1-p)}{n}} \leqq p \leqq \frac{X}{n} + 1.96\sqrt{\frac{p(1-p)}{n}}\right) = 0.95$$

$\dfrac{X}{n}$ は性質 A をもつものの標本比率を表しているから，$\dfrac{X}{n} = \overline{p}$ であり

$$P\left(\overline{p} - 1.96\sqrt{\frac{p(1-p)}{n}} \leqq p \leqq \overline{p} + 1.96\sqrt{\frac{p(1-p)}{n}}\right) \fallingdotseq 0.95$$

n が十分大きいとき，標本比率は母比率とほぼ等しいから，p を $\overline{p}$ で置き換えて

$$P\left(\overline{p} - 1.96\sqrt{\frac{\overline{p}(1-\overline{p})}{n}} \leqq p \leqq \overline{p} + 1.96\sqrt{\frac{\overline{p}(1-\overline{p})}{n}}\right) \fallingdotseq 0.95$$

(終)

チェック 14

　　ある工場で製造される製品の中から無作為に 100 個取り出して調べたところ，10 個の不良品があった。このとき，製品全体の不良品の比率について信頼度 95 % の信頼区間を求めよ。

類 **30**

解答 標本比率は 0.1 であるから，母比率 p に対する　　←$\dfrac{10}{100} = 0.1$

信頼度 95 % の信頼区間は　　←$P(-1.96 \leqq Z \leqq 1.96) = 0.95$

$$0.1 - \boxed{}^{ア}\sqrt{\frac{0.1 \times 0.9}{100}} \leqq p \leqq 0.1 + \boxed{}^{イ}\sqrt{\frac{0.1 \times 0.9}{100}}$$

これを解いて $\boxed{}^{ウ} \leqq p \leqq \boxed{}^{エ}$

30 400 人の国民を無作為に抽出してアンケートをとったところ，内閣を支持すると回答した人は 200 人であった。国民全体の内閣支持率の信頼度 95 % の信頼区間を求めよ。

31 ある品種の大量のたまねぎから 4900 個の標本を無作為抽出して検査したところ，不良品が 98 個あった。このたまねぎ全体の不良品の比率を信頼度 95 % で推定せよ。

32 ある意見に対する賛成率は 20 % と予想されている。信頼度 95 % の信頼区間の幅が 7.84 % 以下になるように推定したい。何人以上抽出して調査すればよいか求めよ。

15 仮説検定

1 仮説検定

与えられたデータをもとに，ある仮説が正しいかどうかを判断する次のような手法を **仮説検定** という。
仮説が正しいと判断できるかどうかを次のように調べる。

① 母集団について，**帰無仮説** を立てる。

② 帰無仮説のもとで，**有意水準** を定め，**棄却域** を求める。

③ 標本から得られた値が，棄却域に

〇入るときは，帰無仮説は棄却される。

このとき，**対立仮説** が正しいと判断できる。

〇入らないときは，帰無仮説は棄却されない。

このとき，**対立仮説** は正しいかどうか判断できない。

帰無仮説：判断したい仮説に反する仮説

有意水準：判断の基準となる確率

棄却域：帰無仮説が成り立つという仮定
　　　　のもとでは，有意水準以下の確
　　　　率でしか得られない値の範囲

対立仮説：検証したかったもとの仮説

2 棄却域の設定

母集団が正規分布 $N(m, \sigma^2)$ に従うとき，
確率変数 X の有意水準 5 ％の棄却域は

$X \leqq m - 1.96\sigma, \ m + 1.96\sigma \leqq X$　　←起こる確率が 5 ％以下

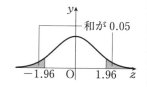
和が 0.05

チェック 15

　　　ある果樹園の例年のみかん 1 個の重さは，平均 100 g，標準偏差 6 g の正規分布に従うという。ある年，この果樹園のみかん 400 個を無作為抽出して重さの平均値を調べたところ 107 g であった。この年のみかんの重さは例年と異なるといえるか。有意水準 5 ％で仮説検定せよ。　　　類**33**

解答 帰無仮説は「この年のみかんの重さは例年と ^{ア} ⬚ 異なる ・ 変わらない ⬚ 」

帰無仮説が正しければ，この年のみかんの重さ $X(\text{g})$ は

正規分布 $N(100, 6^2)$ に従う。

このとき，標本平均 $\overline{X}$ は正規分布 $N\left(100, \dfrac{6^2}{400}\right)$ に従う。　　←$N\left(100, \left(\dfrac{6}{20}\right)^2\right)$

よって，有意水準 5 ％の棄却域は

$$\overline{X} \leqq 100 - \boxed{}^{イ} \times 0.3, \ 100 + \boxed{}^{ウ} \times 0.3 \leqq \overline{X}$$

すなわち　$\overline{X} \leqq \boxed{}^{エ}, \ \boxed{}^{オ} \leqq \overline{X}$

$\overline{X} = 107$ は棄却域に ^{カ} ⬚ 入る ・ 入らない ⬚ から，

帰無仮説は棄却^{キ} ⬚ される ・ されない ⬚ 。

ゆえに，この年のみかんは例年と異なると ^{ク} ⬚ いえる ・ いえない ⬚ 。

33 ある工場で製造される製品の長さは，平均 80 cm，標準偏差 0.5 cm の正規分布に従うという。ある日，この製品 100 個を無作為抽出して長さを調べたところ，平均値は 81 cm であった。この日の製品は異常であったといえるか。有意水準 5 ％ で仮説検定せよ。

34 ある調査会社によると，番組 A の前回の放送の視聴率は 20 ％ だったという。この番組の今回の放送について別の調査会社が無作為抽出した 400 人にアンケートを実施したところ，63 人が視聴していた。この結果から，今回の放送の視聴率は前回と異なるといえるか。有意水準 5 ％ で仮説検定せよ。また，視聴したと回答した人が 90 人だった場合はどうか。

チャレンジ問題

1 2020年センター試験

以下の問題を解答するにあたっては，必要に応じて 39 ページの正規分布表を用いてもよい。

ある市の市立図書館の利用状況について調査を行った。

(1) ある高校の生徒 720 人全員を対象に，ある 1 週間に市立図書館で借りた本の冊数について調査を行った。

その結果，1 冊も借りなかった生徒が 612 人，1 冊借りた生徒が 54 人，2 冊借りた生徒が 36 人であり，3 冊借りた生徒が 18 人であった。4 冊以上借りた生徒はいなかった。

この高校の生徒から 1 人を無作為に選んだとき，その生徒が借りた本の冊数を表す確率変数を X とする。

このとき，X の平均（期待値）は $E(X) = \dfrac{\boxed{\text{ア}}}{\boxed{\text{イ}}}$ であり，X^2 の平均は

$E(X^2) = \dfrac{\boxed{\text{ウ}}}{\boxed{\text{エ}}}$ である。よって，X の標準偏差は $\sigma(X) = \dfrac{\sqrt{\boxed{\text{オ}}}}{\boxed{\text{カ}}}$ である。

(2) 市内の高校生全員を母集団とし．ある 1 週間に市立図書館を利用した生徒の割合（母比率）を p とする。この母集団から 600 人を無作為に選んだとき．その 1 週間に市立図書館を利用した生徒の数を確率変数 Y で表す。

$p = 0.4$ のとき，Y の平均は $E(Y) = \boxed{\text{キクケ}}$，標準偏差は $\sigma(Y) = \boxed{\text{コサ}}$ になる。ここで，$Z = \dfrac{Y - \boxed{\text{キクケ}}}{\boxed{\text{コサ}}}$ とおくと，標本数 600 は十分に大きいので，Z は近似的に標準正規分布に従う。このことを利用して，Y が 215 以下となる確率を求めると，その確率は 0.$\boxed{\text{シス}}$ になる。

また，$p = 0.2$ のとき，Y の平均は $\boxed{\text{キクケ}}$ の $\dfrac{1}{\boxed{\text{セ}}}$ 倍，標準偏差は $\boxed{\text{コサ}}$ の $\dfrac{\sqrt{\boxed{\text{ソ}}}}{3}$ 倍である。

ア	イ	ウ	エ	オ	カ	キ	ク	ケ	コ	サ	シ	ス	セ	ソ

(3) 市立図書館に利用者登録のある高校生全員を母集団とする。1回あたりの利用時間（分）を表す確率変数を W とし，W は母平均 m，母標準偏差 30 の分布に従うとする。この母集団から大きさ n の標本 W_1，W_2，$\cdots$，W_n を無作為に抽出した。

利用時間が 60 分をどの程度超えるかについて調査するために

$$U_1 = W_1 - 60, \quad U_2 = W_2 - 60, \quad \cdots, \quad U_n = W_n - 60$$

とおくと，確率変数 U_1，U_2，$\cdots$，U_n の平均と標準偏差はそれぞれ

$$E(U_1) = E(U_2) = \cdots = E(U_n) = m - \boxed{\text{タチ}}$$

$$\sigma(U_1) = \sigma(U_2) = \cdots = \sigma(U_n) = \boxed{\text{ツテ}}$$

である。

ここで，$t = m - 60$ として，t に対する信頼度 95 % の信頼区間を求めよう。この母集団から無作為抽出された 100 人の生徒に対して U_1，U_2，$\cdots$，U_{100} の値を調べたところ，その標本平均の値が 50 分であった。標本数は十分大きいことを利用して，この信頼区間を求めると

$$\boxed{\text{トナ}}.\boxed{\text{ニ}} \leqq t \leqq \boxed{\text{ヌネ}}.\boxed{\text{ノ}}$$

になる。

タ	チ	ツ	テ	ト	ナ	ニ	ヌ	ネ	ノ

2 2021 年共通テスト

以下の問題を解答するにあたっては，必要に応じて 39 ページの正規分布表を用いてもよい。

Q 高校の校長先生は，ある日，新聞で高校生の読書に関する記事を読んだ。そこで，Q 高校の生徒全員を対象に，直前の 1 週間の読書時間に関して，100 人の生徒を無作為に抽出して調査を行った。その結果，100 人の生徒のうち，この 1 週間に全く読書をしなかった生徒が 36 人であり，100 人の生徒のこの 1 週間の読書時間（分）の平均値は 204 であった。Q 高校の生徒全員のこの 1 週間の読書時間の母平均を m，母標準偏差を 150 とする。

(1) 全く読書をしなかった生徒の母比率を 0.5 とする。このとき，100 人の無作為標本のうちで全く読書をしなかった生徒の数を表す確率変数を X とすると，X は ア に従う。また，X の平均（期待値）は イウ ，標準偏差は エ である。

ア については，最も適当なものを，次の ⓪ ～ ⑤ のうちから一つ選べ。

⓪ 正規分布 $N(0, 1)$ ① 二項分布 $B(0, 1)$

② 正規分布 $N(100, 0.5)$ ③ 二項分布 $B(100, 0.5)$

④ 正規分布 $N(100, 36)$ ⑤ 二項分布 $B(100, 36)$

(2) 標本の大きさ 100 は十分に大きいので，100 人のうち全く読書をしなかった生徒の数は近似的に正規分布に従う。

全く読書をしなかった生徒の母比率を 0.5 とするとき，全く読書をしなかった生徒が 36 人以下となる確率を p_5 とおく。p_5 の近似値を求めると，$p_5 =$ オ である。

また，全く読書をしなかった生徒の母比率を 0.4 とするとき，全く読書をしなかった生徒が 36 人以下となる確率を p_4 とおくと，カ である。

オ については，最も適当なものを，次の ⓪ ～ ⑤ のうちから一つ選べ。

⓪ 0.001   ① 0.003   ② 0.026

③ 0.050   ④ 0.133   ⑤ 0.497

カ の解答群

⓪ $p_4 < p_5$ ① $p_4 = p_5$ ② $p_4 > p_5$

ア	イ	ウ	エ	オ	カ

(3) 1週間の読書時間の母平均 m に対する信頼度 95 % の信頼区間を $C_1 \leqq m \leqq C_2$ とする。標本の大きさ 100 は十分大きいことと，1週間の読書時間の標本平均が 204，母標準偏差が 150 であることを用いると，$C_1 + C_2 = \boxed{\text{キクケ}}$，$C_2 - C_1 = \boxed{\text{コサ}}.\boxed{\text{シ}}$ であることがわかる。また，母平均 m と C_1，C_2 については，$\boxed{\text{ス}}$。

$\boxed{\text{ス}}$ の解答群

⓪ $C_1 \leqq m \leqq C_2$ が必ず成り立つ

① $m \leqq C_2$ は必ず成り立つが，$C_1 \leqq m$ が成り立つとは限らない

② $C_1 \leqq m$ は必ず成り立つが，$m \leqq C_2$ が成り立つとは限らない

③ $C_1 \leqq m$ も $m \leqq C_2$ も成り立つとは限らない

(4) Q 高校の図書委員長も，校長先生と同じ新聞記事を読んだため，校長先生が調査をしていることを知らずに，図書委員長として校長先生と同様の調査を独自に行った。ただし，調査期間は校長先生による調査と同じ直前の 1 週間であり，対象を Q 高校の生徒全員として 100 人の生徒を無作為に抽出した。その調査における，全く読書をしなかった生徒の数を n とする。

校長先生の調査結果によると全く読書をしなかった生徒は 36 人であり，$\boxed{\text{セ}}$。

$\boxed{\text{セ}}$ の解答群

⓪ n は必ず 36 に等しい   ① n は必ず 36 未満である

② n は必ず 36 より大きい   ③ n と 36 との大小はわからない

(5) (4)の図書委員長が行った調査結果による母平均 m に対する信頼度 95 % の信頼区間を $D_1 \leqq m \leqq D_2$，校長先生が行った調査結果による母平均 m に対する信頼度 95 % の信頼区間を(3)の $C_1 \leqq m \leqq C_2$ とする。ただし，母集団は同一であり，1週間の読書時間の母標準偏差は 150 とする。

このとき，次の⓪〜⑤のうち，正しいものは $\boxed{\text{ソ}}$ と $\boxed{\text{タ}}$ である。

$\boxed{\text{ソ}}$，$\boxed{\text{タ}}$ の解答群（解答の順序は問わない。）

⓪ $C_1 = D_1$ と $C_2 = D_2$ が必ず成り立つ。

① $C_1 < D_2$ または $D_1 < C_2$ のどちらか一方のみが必ず成り立つ。

② $D_2 < C_1$ または $C_2 < D_1$ となる場合もある。

③ $C_2 - C_1 > D_2 - D_1$ が必ず成り立つ。

④ $C_2 - C_1 = D_2 - D_1$ が必ず成り立つ。

⑤ $C_2 - C_1 < D_2 - D_1$ が必ず成り立つ。

キ	ク	ケ	コ	サ	シ	ス	セ	ソ	タ

3 2022年共通テスト

以下の問題を解答するにあたっては，必要に応じて 39 ページの正規分布表を用いてもよい。

ジャガイモを栽培し販売している会社に勤務する花子さんは，A 地区と B 地区で収穫されるジャガイモについて調べることになった。

(1) A 地区で収穫されるジャガイモには 1 個の重さが 200 g を超えるものが 25 % 含まれることが経験的にわかっている。花子さんは A 地区で収穫されたジャガイモから 400 個を無作為に抽出し，重さを計測した。そのうち，重さが 200 g を超えるジャガイモの個数を表す確率変数を Z とする。このとき Z は二項分布 $B\left(400,\ 0.\boxed{\text{アイ}}\right)$ に従うから，Z の平均（期待値）は $\boxed{\text{ウエオ}}$ である。

(2) Z を(1)の確率変数とし，A 地区で収穫されたジャガイモ 400 個からなる標本において，重さが 200 g を超えていたジャガイモの標本における比率を $R = \dfrac{Z}{400}$ とする。このとき，R の標準偏差は $\sigma(R) = \boxed{\text{カ}}$ である。

標本の大きさ 400 は十分に大きいので，R は近似的に正規分布 $N\left(0.\boxed{\text{アイ}},\ \left(\boxed{\text{カ}}\right)^2\right)$ に従う。

したがって，$P(R \geqq x) = 0.0465$ となるような x の値は $\boxed{\text{キ}}$ となる。ただし，$\boxed{\text{キ}}$ の計算においては $\sqrt{3} = 1.73$ とする。

$\boxed{\text{カ}}$ の解答群

⓪ $\dfrac{3}{6400}$ ① $\dfrac{\sqrt{3}}{4}$ ② $\dfrac{\sqrt{3}}{80}$ ③ $\dfrac{3}{40}$

$\boxed{\text{キ}}$ については，最も適当なものを，次の⓪～③のうちから一つ選べ。

⓪ 0.209   ① 0.251   ② 0.286   ③ 0.395

ア	イ	ウ	エ	オ	カ	キ

(3) B地区で収穫され，出荷される予定のジャガイモ1個の重さは100gから300gの間に分布している。B地区で収穫され，出荷される予定のジャガイモ1個の重さを表す確率変数を X とするとき，X は連続型確率変数であり，X のとり得る値 x の範囲は $100 \leqq x \leqq 300$ である。

　花子さんは，B地区で収穫され，出荷される予定のすべてのジャガイモのうち，重さが200g以上のものの割合を見積もりたいと考えた。そのために花子さんは，X の確率密度関数 $f(x)$ として適当な関数を定め，それを用いて割合を見積もるという方針を立てた。

　B地区で収穫され，出荷される予定のジャガイモから206個を無作為に抽出したところ，重さの標本平均は180gであった。図1はこの標本のヒストグラムである。

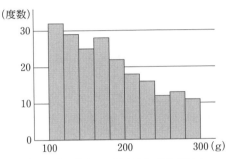

図1　ジャガイモの重さのヒストグラム

　花子さんは図1のヒストグラムにおいて，重さ x の増加とともに度数がほぼ一定の割合で減少している傾向に着目し，X の確率密度関数 $f(x)$ として，1次関数

$$f(x) = ax + b \qquad (100 \leqq x \leqq 300)$$

を考えることにした。ただし，$100 \leqq x \leqq 300$ の範囲で $f(x) \geqq 0$ とする。

　このとき，$P(100 \leqq X \leqq 300) = \boxed{\text{ク}}$ であることから

$$\boxed{\text{ケ}} \cdot 10^4 a + \boxed{\text{コ}} \cdot 10^2 b = \boxed{\text{ク}} \qquad \cdots\cdots ①$$

である。

ク	ケ	コ

　花子さんは，X の平均（期待値）が重さの標本平均 180 g と等しくなるように確率密度関数を定める方法を用いることにした。

　連続型確率変数 X のとり得る値 x の範囲が $100 \leqq x \leqq 300$ で，その確率密度関数が $f(x)$ のとき，X の平均（期待値）m は

$$m = \int_{100}^{300} x f(x) dx$$

で定義される。この定義と花子さんの採用した方法から

$$m = \frac{26}{3} \cdot 10^6 a + 4 \cdot 10^4 b = 180 \qquad \cdots\cdots ②$$

となる。①と②により，確率密度関数は

$$f(x) = -\boxed{\text{サ}} \cdot 10^{-5} x + \boxed{\text{シス}} \cdot 10^{-3} \qquad \cdots\cdots ③$$

と得られる。このようにして得られた③の $f(x)$ は，$100 \leqq x \leqq 300$ の範囲で $f(x) \geqq 0$ を満たしており，確かに確率密度関数として適当である。

　したがって，この花子さんの方針に基づくと，B 地区で収穫され，出荷される予定のすべてのジャガイモのうち，重さが 200 g 以上のものは $\boxed{\text{セ}}$ % あると見積もることができる。

$\boxed{\text{セ}}$ については，最も適当なものを，次の ⓪～③ のうちから一つ選べ。

⓪　33　　　　　　　①　34　　　　　　　②　35　　　　　　　③　36

サ	シ	ス	セ

正規分布表									
t	.00	.01	.02	.03	.04	.05	.06	.07	.08	.09
0.0	0.0000	0.0040	0.0080	0.0120	0.0160	0.0199	0.0239	0.0279	0.0319	0.0359
0.1	0.0398	0.0438	0.0478	0.0517	0.0557	0.0596	0.0636	0.0675	0.0714	0.0753
0.2	0.0793	0.0832	0.0871	0.0910	0.0948	0.0987	0.1026	0.1064	0.1103	0.1141
0.3	0.1179	0.1217	0.1255	0.1293	0.1331	0.1368	0.1406	0.1443	0.1480	0.1517
0.4	0.1554	0.1591	0.1628	0.1664	0.1700	0.1736	0.1772	0.1808	0.1844	0.1879
0.5	0.1915	0.1950	0.1985	0.2019	0.2054	0.2088	0.2123	0.2157	0.2190	0.2224
0.6	0.2257	0.2291	0.2324	0.2357	0.2389	0.2422	0.2454	0.2486	0.2517	0.2549
0.7	0.2580	0.2611	0.2642	0.2673	0.2704	0.2734	0.2764	0.2794	0.2823	0.2852
0.8	0.2881	0.2910	0.2939	0.2967	0.2995	0.3023	0.3051	0.3078	0.3106	0.3133
0.9	0.3159	0.3186	0.3212	0.3238	0.3264	0.3289	0.3315	0.3340	0.3365	0.3389
1.0	0.3413	0.3438	0.3461	0.3485	0.3508	0.3531	0.3554	0.3577	0.3599	0.3621
1.1	0.3643	0.3665	0.3686	0.3708	0.3729	0.3749	0.3770	0.3790	0.3810	0.3830
1.2	0.3849	0.3869	0.3888	0.3907	0.3925	0.3944	0.3962	0.3980	0.3997	0.4015
1.3	0.4032	0.4049	0.4066	0.4082	0.4099	0.4115	0.4131	0.4147	0.4162	0.4177
1.4	0.4192	0.4207	0.4222	0.4236	0.4251	0.4265	0.4279	0.4292	0.4306	0.4319
1.5	0.4332	0.4345	0.4357	0.4370	0.4382	0.4394	0.4406	0.4418	0.4429	0.4441
1.6	0.4452	0.4463	0.4474	0.4484	0.4495	0.4505	0.4515	0.4525	0.4535	0.4545
1.7	0.4554	0.4564	0.4573	0.4582	0.4591	0.4599	0.4608	0.4616	0.4625	0.4633
1.8	0.4641	0.4649	0.4656	0.4664	0.4671	0.4678	0.4686	0.4693	0.4699	0.4706
1.9	0.4713	0.4719	0.4726	0.4732	0.4738	0.4744	0.4750	0.4756	0.4761	0.4767
2.0	0.4772	0.4778	0.4783	0.4788	0.4793	0.4798	0.4803	0.4808	0.4812	0.4817
2.1	0.4821	0.4826	0.4830	0.4834	0.4838	0.4842	0.4846	0.4850	0.4854	0.4857
2.2	0.4861	0.4864	0.4868	0.4871	0.4875	0.4878	0.4881	0.4884	0.4887	0.4890
2.3	0.4893	0.4896	0.4898	0.4901	0.4904	0.4906	0.4909	0.4911	0.4913	0.4916
2.4	0.4918	0.4920	0.4922	0.4925	0.4927	0.4929	0.4931	0.4932	0.4934	0.4936
2.5	0.4938	0.4940	0.4941	0.4943	0.4945	0.4946	0.4948	0.4949	0.4951	0.4952
2.6	0.4953	0.4955	0.4956	0.4957	0.4959	0.4960	0.4961	0.4962	0.4963	0.4964
2.7	0.4965	0.4966	0.4967	0.4968	0.4969	0.4970	0.4971	0.4972	0.4973	0.4974
2.8	0.4974	0.4975	0.4976	0.4977	0.4977	0.4978	0.4979	0.4979	0.4980	0.4981
2.9	0.4981	0.4982	0.4982	0.4983	0.4984	0.4984	0.4985	0.4985	0.4986	0.4986
3.0	0.4987	0.4987	0.4987	0.4988	0.4988	0.4989	0.4989	0.4989	0.4990	0.4990
3.1	0.4990	0.4991	0.4991	0.4991	0.4992	0.4992	0.4992	0.4992	0.4993	0.4993
3.2	0.4993	0.4993	0.4994	0.4994	0.4994	0.4994	0.4994	0.4995	0.4995	0.4995
3.3	0.4995	0.4995	0.4995	0.4996	0.4996	0.4996	0.4996	0.4996	0.4996	0.4997
3.4	0.4997	0.4997	0.4997	0.4997	0.4997	0.4997	0.4997	0.4997	0.4997	0.4998
3.5	0.4998	0.4998	0.4998	0.4998	0.4998	0.4998	0.4998	0.4998	0.4998	0.4998

確率分布と統計的な推測 短期学習ノート

● 編　者　実教出版編修部

● 発行者　小田　良次

● 印刷所　株式会社加藤文明社印刷所

〒102-8377
東京都千代田区五番町5
電話＜営業＞(03) 3238-7777
　　　＜編修＞(03) 3238-7785
　　　＜総務＞(03) 3238-7700
https://www.jikkyo.co.jp/

● 発行所　実教出版株式会社

002402023　　　　　　　　　　ISBN 978-4-407-35958-9

1 確率変数と確率分布

チェック1

ア $\dfrac{1}{15}$ 　イ $\dfrac{8}{15}$ 　ウ $\dfrac{6}{15}$

エ 1 　←確率の合計は1

オ $\dfrac{14}{15}$

1　X の取りうる値は 0，1，2，3 である。

各値について，X がその値をとる確率を求めると

$$P(X=0) = {}_3C_0 \times \left(\dfrac{1}{2}\right)^3 \quad \substack{\text{←表が0枚} \\ \text{裏が3枚}}$$

$$= \dfrac{1}{8}$$

$$P(X=1) = {}_3C_1 \times \dfrac{1}{2} \times \left(\dfrac{1}{2}\right)^2 \quad \substack{\text{←表が1枚} \\ \text{裏が2枚}}$$

$$= \dfrac{3}{8}$$

$$P(X=2) = {}_3C_2 \times \left(\dfrac{1}{2}\right)^2 \times \dfrac{1}{2} \quad \substack{\text{←表が2枚} \\ \text{裏が1枚}}$$

$$= \dfrac{3}{8}$$

$$P(X=3) = {}_3C_3 \times \left(\dfrac{1}{2}\right)^3 \quad \substack{\text{←表が3枚} \\ \text{裏が0枚}}$$

$$= \dfrac{1}{8}$$

よって，X の確率分布は次のようになる。

X	0	1	2	3	計
P	$\dfrac{1}{8}$	$\dfrac{3}{8}$	$\dfrac{3}{8}$	$\dfrac{1}{8}$	1

2　(1)　X のとりうる値は 0，100，500，600 である。

各値について，X がその値をとる確率を求めると

$$P(X=0) = \dfrac{1}{2} \times \dfrac{1}{2} = \dfrac{1}{4}$$

$$P(X=100) = \dfrac{1}{2} \times \dfrac{1}{2} = \dfrac{1}{4}$$

$$P(X=500) = \dfrac{1}{2} \times \dfrac{1}{2} = \dfrac{1}{4}$$

$$P(X=600) = \dfrac{1}{2} \times \dfrac{1}{2} = \dfrac{1}{4}$$

よって，X の確率分布は次のようになる。

X	0	100	500	600	計
P	$\dfrac{1}{4}$	$\dfrac{1}{4}$	$\dfrac{1}{4}$	$\dfrac{1}{4}$	1

また

$$P(X \geqq 500) = P(X=500) + P(X=600)$$

$$= \dfrac{1}{4} + \dfrac{1}{4} = \dfrac{1}{2}$$

(2)　X のとりうる値は 0，1，2 である。

各値について，X がその値をとる確率を求めると

$$P(X=0) = \dfrac{{}_4C_2 \times {}_6C_0}{{}_{10}C_2} = \dfrac{6}{45} \quad \substack{\text{←白球2個} \\ \text{赤球0個}}$$

$$P(X=1) = \dfrac{{}_4C_1 \times {}_6C_1}{{}_{10}C_2} = \dfrac{24}{45} \quad \substack{\text{←白球1個} \\ \text{赤球1個}}$$

$$P(X=2) = \dfrac{{}_4C_0 \times {}_6C_2}{{}_{10}C_2} = \dfrac{15}{45} \quad \substack{\text{←白球0個} \\ \text{赤球2個}}$$

よって，X の確率分布は次のようになる。

X	0	1	2	計
P	$\dfrac{6}{45}$	$\dfrac{24}{45}$	$\dfrac{15}{45}$	1

また

$$P(1 \leqq X \leqq 2) = P(X=1) + P(X=2)$$

$$= \dfrac{24}{45} + \dfrac{15}{45} = \dfrac{39}{45} = \dfrac{13}{15}$$

2 確率変数の期待値と分散・標準偏差

チェック2

ア 4 　イ 1 　ウ 1

エ 17

3　X のとりうる値は 0，1，2 である。

各値について，X がその値をとる確率を求めると

$$P(X=0) = \dfrac{{}_2C_0 \times {}_8C_3}{{}_{10}C_3} = \dfrac{56}{120} \quad \substack{\text{←当たり0本} \\ \text{はずれ3本}}$$

$$P(X=1) = \dfrac{{}_2C_1 \times {}_8C_2}{{}_{10}C_3} = \dfrac{56}{120} \quad \substack{\text{←当たり1本} \\ \text{はずれ2本}}$$

$$P(X=2) = \dfrac{{}_2C_2 \times {}_8C_1}{{}_{10}C_3} = \dfrac{8}{120} \quad \substack{\text{←当たり2本} \\ \text{はずれ1本}}$$

よって，X の確率分布は次のようになる。

X	0	1	2	計
P	$\dfrac{56}{120}$	$\dfrac{56}{120}$	$\dfrac{8}{120}$	1

ゆえに

$$E(X) = 0 \times \dfrac{56}{120} + 1 \times \dfrac{56}{120} + 2 \times \dfrac{8}{120}$$

$$= \dfrac{72}{120} = \dfrac{3}{5}$$

$$E(X^2) = 0^2 \times \dfrac{56}{120} + 1^2 \times \dfrac{56}{120} + 2^2 \times \dfrac{8}{120}$$

$$= \dfrac{88}{120} = \dfrac{11}{15}$$

4

$$E(X) = 0 \times \frac{6}{18} + 1 \times \frac{7}{18} + 2 \times \frac{4}{18} + 3 \times \frac{1}{18}$$
$$= 1$$
$$V(X) = (0-1)^2 \times \frac{6}{18} + (1-1)^2 \times \frac{7}{18}$$
$$\qquad + (2-1)^2 \times \frac{4}{18} + (3-1)^2 \times \frac{1}{18}$$
$$= \frac{6}{18} + 0 + \frac{4}{18} + \frac{4}{18} = \frac{14}{18} = \frac{7}{9}$$
$$\sigma(X) = \sqrt{V(X)} = \sqrt{\frac{7}{9}} = \frac{\sqrt{7}}{3}$$

別解 $E(X^2) = 0^2 \times \frac{1}{18} + 1^2 \times \frac{7}{18} + 2^2 \times \frac{4}{18} + 3^2 \times \frac{1}{18}$
$$= \frac{32}{18} = \frac{16}{9}$$
$$V(X) = E(X^2) - \{E(X)\}^2$$
$$= \frac{16}{9} - 1^2 = \frac{7}{9}$$

5

W のとりうる値は 0, 1, 2, 3 である。
各値について，W がその値をとる確率を求めると
$$P(W=0) = \frac{{}_4C_0 \times {}_3C_3}{{}_7C_3} = \frac{1}{35} \quad \leftarrow \begin{matrix}\text{白球 0 個} \\ \text{赤球 3 個}\end{matrix}$$
$$P(W=1) = \frac{{}_4C_1 \times {}_3C_2}{{}_7C_3} = \frac{12}{35} \quad \leftarrow \begin{matrix}\text{白球 1 個} \\ \text{赤球 2 個}\end{matrix}$$
$$P(W=2) = \frac{{}_4C_2 \times {}_3C_1}{{}_7C_3} = \frac{18}{35} \quad \leftarrow \begin{matrix}\text{白球 2 個} \\ \text{赤球 1 個}\end{matrix}$$
$$P(W=3) = \frac{{}_4C_3 \times {}_3C_0}{{}_7C_3} = \frac{4}{35} \quad \leftarrow \begin{matrix}\text{白球 3 個} \\ \text{赤球 0 個}\end{matrix}$$

よって，W の確率分布は次のようになる。

W	0	1	2	3	計
P	$\frac{1}{35}$	$\frac{12}{35}$	$\frac{18}{35}$	$\frac{4}{35}$	1

ゆえに
$$E(W) = 0 \times \frac{1}{35} + 1 \times \frac{12}{35} + 2 \times \frac{18}{35} + 3 \times \frac{4}{35}$$
$$= \frac{60}{35} = \frac{12}{7}$$
$$E(W^2) = 0^2 \times \frac{1}{35} + 1^2 \times \frac{12}{35} + 2^2 \times \frac{18}{35} + 3^2 \times \frac{4}{35}$$
$$= \frac{120}{35} = \frac{24}{7}$$
$$V(W) = E(W^2) - \{E(W)\}^2$$
$$= \frac{24}{7} - \left(\frac{12}{7}\right)^2 = \frac{24}{49}$$

別解 $V(W) = \left(0 - \frac{12}{7}\right)^2 \times \frac{1}{35} + \left(1 - \frac{12}{7}\right)^2 \times \frac{12}{35}$
$$\qquad + \left(2 - \frac{12}{7}\right)^2 \times \frac{18}{35} + \left(3 - \frac{12}{7}\right)^2 \times \frac{4}{35}$$
$$= \frac{144}{49} \times \frac{1}{35} + \frac{25}{49} \times \frac{12}{35}$$
$$\qquad + \frac{4}{49} \times \frac{18}{35} + \frac{81}{49} \times \frac{4}{35}$$
$$= \frac{840}{49 \times 35} = \frac{24}{49}$$

---

3 $aX + b$ の期待値と分散・標準偏差

チェック3

ア	$\frac{12}{5}$	$\leftarrow$ $\begin{aligned}&0 \times \frac{16}{625} + 1 \times \frac{96}{625} + 2 \times \frac{216}{625} \\ &+ 3 \times \frac{216}{625} + 4 \times \frac{81}{625} = \frac{1500}{625}\end{aligned}$
イ	$\frac{168}{25}$	$\leftarrow$ $\begin{aligned}&0^2 \times \frac{16}{625} + 1^2 \times \frac{96}{625} + 2^2 \times \frac{216}{625} \\ &+ 3^2 \times \frac{216}{625} + 4^2 \times \frac{81}{625} = \frac{4200}{625}\end{aligned}$
ウ	$\frac{24}{25}$	$\leftarrow \frac{168}{25} - \left(\frac{12}{5}\right)^2$
エ	$\frac{4}{5}$	$\leftarrow 2E(W) - 4 = 2 \times \frac{12}{5} - 4$
オ	$\frac{96}{25}$	$\leftarrow 2^2 V(W) = 4 \times \frac{24}{25}$

6

$$E(Z) = E(3X + 5)$$
$$= 3E(X) + 5$$
$$= 3 \times \frac{5}{3} + 5 = 10$$
$$V(Z) = V(3X + 5)$$
$$= 3^2 V(X)$$
$$= 9 \times \frac{16}{3} = 48$$
$$\sigma(Z) = \sqrt{V(Z)} = \sqrt{48} = 4\sqrt{3}$$

7

$$E(W) = E(1000X)$$
$$= 1000E(X)$$
$$= -7 \times 10^3 \,(\text{mg}) \qquad \leftarrow E(X) = -7$$
$$\sigma(W) = \sigma(1000X)$$
$$= 1000\sigma(X)$$
$$= 5 \times 10^3 \,(\text{mg}) \qquad \leftarrow \sigma(X) = 5$$

8

(1) X の確率分布は次のようになる。

X	2	4	6	8	10	計
P	$\frac{1}{5}$	$\frac{1}{5}$	$\frac{1}{5}$	$\frac{1}{5}$	$\frac{1}{5}$	1

$$E(X) = 2 \times \frac{1}{5} + 4 \times \frac{1}{5} + 6 \times \frac{1}{5}$$
$$\qquad + 8 \times \frac{1}{5} + 10 \times \frac{1}{5}$$
$$= 6$$
$$E(X^2) = 2^2 \times \frac{1}{5} + 4^2 \times \frac{1}{5} + 6^2 \times \frac{1}{5}$$
$$\qquad + 8^2 \times \frac{1}{5} + 10^2 \times \frac{1}{5}$$
$$= \frac{220}{5} = 44$$
$$V(X) = E(X^2) - \{E(X)\}^2$$
$$= 44 - 6^2 = 8$$

(2) $E(aX+b)=20$, $V(aX+b)=32$

であるから

$aE(X)+b=20$, $a^2V(X)=32$

すなわち

$6a+b=20$, $8a^2=32$ ← $E(X)=6$ $V(X)=8$

$a>0$ より $a=2$, $b=8$

(3) $2X+8 \geqq 20$ を解くと

$X \geqq 6$

よって，求める確率は

$P(X \geqq 6)$

$= P(X=6)+P(X=8)+P(X=10)$

$= \dfrac{1}{5}+\dfrac{1}{5}+\dfrac{1}{5}=\dfrac{3}{5}$

4 確率変数の和と積

チェック4

ア 7

イ $\dfrac{49}{4}$

ウ $\dfrac{35}{6}$

9 (1) X の確率分布は次のようになる。

X	1	2	3	計
P	$\dfrac{1}{6}$	$\dfrac{2}{6}$	$\dfrac{3}{6}$	1

Y の確率分布は次のようになる。

Y	0	1	2	計
P	$\dfrac{3}{12}$	$\dfrac{4}{12}$	$\dfrac{5}{12}$	1

$E(X)=1\times\dfrac{1}{6}+2\times\dfrac{2}{6}+3\times\dfrac{3}{6}$

$=\dfrac{14}{6}=\dfrac{7}{3}$

$E(Y)=0\times\dfrac{3}{12}+1\times\dfrac{4}{12}+2\times\dfrac{5}{12}$

$=\dfrac{14}{12}=\dfrac{7}{6}$

よって

$E(X+Y)=E(X)+E(Y)$

$\dfrac{14} + \dfrac{7}{6}$ ← 分母を6に揃えて代入

$\dfrac{7}{2}$

(2) 確率変数 独立であるから

$E(XY)$

(3) $E(X^2)=$ $\times\dfrac{3}{6}$

$=$

$V(X)=E(X^2)-\{E(X)\}^2$

$=6-\left(\dfrac{7}{3}\right)^2=\dfrac{5}{9}$

$E(Y^2)=0^2\times\dfrac{3}{12}+1^2\times\dfrac{4}{12}+2^2\times\dfrac{5}{12}$

$=\dfrac{24}{12}=2$

$V(Y)=E(Y^2)-\{E(Y)\}^2$

$=2-\left(\dfrac{7}{6}\right)^2=\dfrac{23}{36}$

確率変数 X，Y は互いに独立であるから

$V(X+Y)=V(X)+V(Y)$

$=\dfrac{5}{9}+\dfrac{23}{36}=\dfrac{43}{36}$

10 (1) 大，中，小のさいころの出る目をそれぞれ X，Y，Z とすると

$E(X)=1\times\dfrac{1}{6}+2\times\dfrac{1}{6}+3\times\dfrac{1}{6}$

$\qquad +4\times\dfrac{1}{6}+5\times\dfrac{1}{6}+6\times\dfrac{1}{6}$

$=\dfrac{7}{2}$

同様に $E(Y)=\dfrac{7}{2}$，$E(Z)=\dfrac{7}{2}$

よって，求める和の期待値は

$E(X+Y+Z)$

$=E(X)+E(Y)+E(Z)$ ← 3つの場合も成り立つ

$=\dfrac{7}{2}+\dfrac{7}{2}+\dfrac{7}{2}=\dfrac{21}{2}$

(2) 確率変数 X，Y，Z は互いに独立であるから，求める積の期待値は

$E(XYZ)$

$=E(X)E(Y)E(Z)$ ← 3つの場合も成り立つ

$=\dfrac{7}{2}\times\dfrac{7}{2}\times\dfrac{7}{2}=\dfrac{343}{8}$

(3) $E(X^2)=1^2\times\dfrac{1}{6}+2^2\times\dfrac{1}{6}+3^2\times\dfrac{1}{6}$

$\qquad +4^2\times\dfrac{1}{6}+5^2\times\dfrac{1}{6}+6^2\times\dfrac{1}{6}$

$=\dfrac{91}{6}$

よって

$V(X)=E(X^2)-\{E(X)\}^2$

$=\dfrac{91}{6}-\left(\dfrac{7}{2}\right)^2=\dfrac{35}{12}$

同様に $V(Y)=\dfrac{35}{12}$，$V(Z)=\dfrac{35}{12}$

確率変数 X，Y，Z は互いに独立であるから，求める和の分散は

$V(X+Y+Z)$

$=V(X)+V(Y)+V(Z)$ ← 3つの場合も成り立つ

$=\dfrac{35}{12}+\dfrac{35}{12}+\dfrac{35}{12}=\dfrac{35}{4}$

5 二項分布

ア 5 イ $\dfrac{1}{5}$

ウ 20 エ 1 オ 21

カ 1 $\leftarrow np = 5 \times \dfrac{1}{5}$

キ $\dfrac{4}{5}$ $\leftarrow npq = 5 \times \dfrac{1}{5} \times \dfrac{4}{5}$

ク $\dfrac{2\sqrt{5}}{5}$ $\leftarrow \sqrt{V(X)} = \sqrt{npq} = \sqrt{\dfrac{4}{5}} = \dfrac{\sqrt{20}}{5}$

11 $P(X=r) = {}_4C_r\left(\dfrac{3}{5}\right)^r\left(\dfrac{2}{5}\right)^{4-r}$ $(r = 0,\ 1,\ 2,\ 3,\ 4)$

であるから，確率変数 X は

二項分布 $B\left(4,\ \dfrac{3}{5}\right)$

に従う。

また

$P(X \leqq 1) = P(X=0) + P(X=1)$

$\qquad = {}_4C_0\left(\dfrac{3}{5}\right)^0\left(\dfrac{2}{5}\right)^4 + {}_4C_1\left(\dfrac{3}{5}\right)^1\left(\dfrac{2}{5}\right)^3$

$\qquad = \dfrac{16}{5^4} + \dfrac{96}{5^4} = \dfrac{112}{625}$

12 (1) $P(X=r) = {}_{10}C_r\left(\dfrac{1}{2}\right)^r\left(\dfrac{1}{2}\right)^{10-r}$

$\qquad\qquad\qquad (r = 0,\ 1,\ 2,\ \cdots,\ 9,\ 10)$

であるから，確率変数 X は

二項分布 $B\left(10,\ \dfrac{1}{2}\right)$

に従う。

よって

$E(X) = 10 \times \dfrac{1}{2} = 5$ $\qquad\qquad \leftarrow np$

$V(X) = 10 \times \dfrac{1}{2} \times \dfrac{1}{2} = \dfrac{5}{2}$ $\qquad \leftarrow npq$

$\sigma(X) = \sqrt{V(X)} = \sqrt{\dfrac{5}{2}} = \dfrac{\sqrt{10}}{2}$

(2) $P(X=r) = {}_{360}C_r\left(\dfrac{1}{6}\right)^r\left(\dfrac{5}{6}\right)^{360-r}$

$\qquad\qquad\qquad (r = 0,\ 1,\ 2,\ \cdots,\ 359,\ 360)$

であるから，確率変数 X は

二項分布 $B\left(360,\ \dfrac{1}{6}\right)$

に従う。

よって

$E(X) = 360 \times \dfrac{1}{6} = 60$ $\qquad\qquad \leftarrow np$

$V(X) = 360 \times \dfrac{1}{6} \times \dfrac{5}{6} = 50$ $\qquad \leftarrow npq$

$\sigma(X) = \sqrt{V(X)} = \sqrt{50} = 5\sqrt{2}$

13 確率変数 X は

二項分布 $B(n,\ p)$

に従う。

$m = E(X) = np = \dfrac{1216}{27}$ $\quad \cdots$①

$\sigma = \sigma(X) = \sqrt{np(1-p)} = \dfrac{152}{27}$ $\quad \cdots$②

②より

$np(1-p) = \dfrac{152^2}{27^2}$

①を代入すると

$\dfrac{1216}{27}(1-p) = \dfrac{152^2}{27^2}$

$1-p = \dfrac{152^2}{27^2} \times \dfrac{27}{1216}$ $\qquad \leftarrow \begin{matrix}1216 = 152 \times 8 \\ 152 = 8 \times 19\end{matrix}$

$1-p = \dfrac{19}{27}$

よって $p = \dfrac{8}{27}$

①より $\dfrac{8}{27}n = \dfrac{1216}{27}$

ゆえに $n = 152$

> **参考**
>
> 期待値を表す記号として
> $E(X),\ m,\ \mu$
> 分散を表す記号として
> $V(X),\ \sigma^2,\ s^2$
> 標準偏差を表す記号として
> $\sigma(X),\ \sigma,\ s$
> がよく用いられる。

6 連続型確率変数と確率密度関数

ア $\dfrac{1}{4}$ イ $\dfrac{3}{4}$

14 (1) 求める確率は，右の図の灰色の部分の面積に等しいから

$P(0 \leqq X \leqq 1)$

$= \dfrac{1}{2} \times 1 \times \dfrac{1}{2} = \dfrac{1}{4}$

(2) 求める確率は，右の図の灰色の部分の面積に等しいから

$P(1 \leqq X \leqq 1.5)$

$= P(0 \leqq X \leqq 1.5) - P(0 \leqq X \leqq 1)$

$= \dfrac{1}{2} \times 1.5 \times \dfrac{3}{4} - \dfrac{1}{4} = \dfrac{5}{16}$

15 $f(x) = a(2-x)$

$(0 \leqq X \leqq 2)$

が確率密度関数である
から，右の図の斜線の
部分の面積について

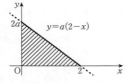

$$\frac{1}{2} \times 2 \times 2a = 1$$

が成り立つ。よって

$$a = \frac{1}{2}$$

確率 $P(1 \leqq X \leqq 2)$ は，
右の図の灰色の部分の
面積に等しいから

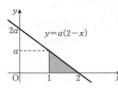

$$P(1 \leqq X \leqq 2) = \frac{1}{2} \times 1 \times a = \frac{a}{2} = \frac{1}{4}$$

7 正規分布

チェック7

ア　0.4332

イ　0.4772　　ウ　0.3413　　エ　0.8185

オ　0.5　　　　カ　0.0793　　キ　0.4207

t	.00	
⋮	⋮	
0.2	0.0793	←$P(0 \leqq Z \leqq 0.2)$…カ
⋮	⋮	
1.0	0.3413	←$P(0 \leqq Z \leqq 1)$…ウ
⋮	⋮	
1.5	0.4332	←$P(0 \leqq Z \leqq 1.5)$…ア
⋮	⋮	
2.0	0.4772	←$P(0 \leqq Z \leqq 2)$…イ

16 (1)　$P(0 \leqq Z \leqq 1.8)$

$= 0.4641$

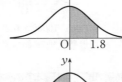

(2)　$P(-1 \leqq Z \leqq 0)$

$= P(0 \leqq Z \leqq 1)$

$= 0.3413$

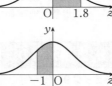

(3)　$P(-3 \leqq Z \leqq 1)$

$= P(-3 \leqq Z \leqq 0) + P(0 \leqq Z \leqq 1)$

$= P(0 \leqq Z \leqq 3) + P(0 \leqq Z \leqq 1)$

$= 0.4987 + 0.3413$

$= 0.84$

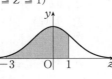

(4)　$P(|Z| \leqq 2)$

$= P(-2 \leqq Z \leqq 2)$

$= P(-2 \leqq Z \leqq 0) + P(0 \leqq Z \leqq 2)$

$= P(0 \leqq Z \leqq 2) + P(0 \leqq Z \leqq 2)$

$= 2 \times 0.4772$

$= 0.9544$

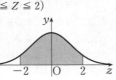

(5)　$P(Z \geqq 1.4)$

$= P(Z \geqq 0) - P(0 \leqq Z \leqq 1.4)$

$= 0.5 - 0.4192$

$= 0.0808$

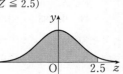

(6)　$P(Z \leqq 2.5)$

$= P(Z \leqq 0) + P(0 \leqq Z \leqq 2.5)$

$= 0.5 + 0.4938$

$= 0.9938$

17 (1)　$P(-1 \leqq Z \leqq 0)$　←t と 0 の大小関係を確認

$= P(0 \leqq Z \leqq 1)$

$= 0.3413 < 0.699$

であるから

$t > 0$

よって

$P(-1 \leqq Z \leqq t)$

$= P(-1 \leqq Z \leqq 0) + P(0 \leqq Z \leqq t)$

$= P(0 \leqq Z \leqq 1) + P(0 \leqq Z \leqq t)$

$= 0.3413 + P(0 \leqq Z \leqq t)$

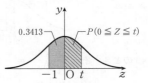

$P(-1 \leqq Z \leqq t) = 0.699$ より

$P(0 \leqq Z \leqq t) = 0.699 - 0.3413$

$= 0.3577$

ゆえに

$t = 1.07$　←正規分布表で 0.3577 を探す

(2)　$P(|Z| \leqq t)$

$= P(-t \leqq Z \leqq t)$

$= P(-t \leqq Z \leqq 0) + P(0 \leqq Z \leqq t)$

$= P(0 \leqq Z \leqq t) + P(0 \leqq Z \leqq t)$

$= 2 \times P(0 \leqq Z \leqq t)$

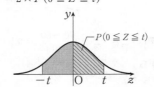

$P(|Z| \leqq t) = 0.95$ より

$$P(0 \leqq Z \leqq t) = \frac{0.95}{2} = 0.475$$

ゆえに

$t = 1.96$　←正規分布表で 0.4750 を探す

チェック8

ア 50　イ 10

ウ −2　←$\frac{30-50}{10}$

エ 1　←$\frac{60-50}{10}$

オ 0.8185　←0.4772 + 0.3413

カ 1.5　←$\frac{65-50}{10}$

キ 0.0668　←0.5 − 0.4332

18 確率変数 X は正規分布 $N(60, 20^2)$ に従うから

$$Z = \frac{X-60}{20}$$

とおくと、Z は標準正規分布 $N(0, 1)$ に従う。

(1) $X = 60$ のとき　$Z = \frac{60-60}{20} = 0$

$X = 70$ のとき　$Z = \frac{70-60}{20} = 0.5$

であるから

$P(60 \leqq X \leqq 70)$
$= P(0 \leqq Z \leqq 0.5)$
$= 0.1915$

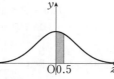

(2) $X = 40$ のとき　$Z = \frac{40-60}{20} = -1$

$X = 80$ のとき　$Z = \frac{80-60}{20} = 1$

であるから

$P(40 \leqq X \leqq 80)$
$= P(-1 \leqq Z \leqq 1)$
$= P(-1 \leqq Z \leqq 0) + P(0 \leqq Z \leqq 1)$
$= P(0 \leqq Z \leqq 1) + P(0 \leqq Z \leqq 1)$
$= 2 \times 0.3413$
$= 0.6826$

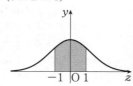

(3) $X = 70$ のとき　$Z = \frac{70-60}{20} = 0.5$

であるから

$P(X \leqq 70)$
$= P(Z \leqq 0.5)$
$= P(Z \leqq 0) + P(0 \leqq Z \leqq 0.5)$
$= 0.5 + P(0 \leqq Z \leqq 0.5)$
$= 0.5 + 0.1915$
$= 0.6915$

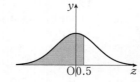

(4) $X = 80$ のとき　$Z = \frac{80-60}{20} = 1$

$X = 90$ のとき　$Z = \frac{90-60}{20} = 1.5$

であるから

$P(80 \leqq X \leqq 90)$
$= P(1 \leqq Z \leqq 1.5)$
$= P(0 \leqq Z \leqq 1.5) - P(0 \leqq Z \leqq 1)$
$= 0.4332 - 0.3413$
$= 0.0919$

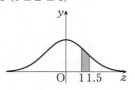

19 X は正規分布 $N(69, 0.4^2)$ に従うから

$$Z = \frac{X-69}{0.4}$$

とおくと、Z は標準正規分布 $N(0, 1)$ に従う。

$X = 68$ のとき　$Z = \frac{68-69}{0.4} = -2.5$

$X = 70$ のとき　$Z = \frac{70-69}{0.4} = 2.5$

であるから

$P(68 \leqq X \leqq 70)$
$= P(-2.5 \leqq Z \leqq 2.5)$
$= P(-2.5 \leqq Z \leqq 0) + P(0 \leqq Z \leqq 2.5)$
$= P(0 \leqq Z \leqq 2.5) + P(0 \leqq Z \leqq 2.5)$
$= 2 \times 0.4938 = 0.9876$

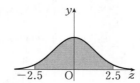

よって、$10000 \times 0.9876 = 9876$ から

正規品は 9876 個含まれていると予想される。

9 二項分布の正規分布による近似

チェック9

ア 72　イ 6^2

ウ 72　エ 6

オ 0.5　←$\frac{75-72}{6}$

カ 0.3085　←0.5 − 0.1915

参考

二項分布が正規分布に近似できるのは、n が十分大きいときであるが、その目安として

$np > 5$,　$nq > 5$

が知られている。

20 表の出る回数を X とすると,

確率変数 X は二項分布 $B\left(400, \dfrac{1}{2}\right)$ に従う。

$$E(X) = 400 \times \frac{1}{2} = 200$$

$$\sigma(X) = \sqrt{V(X)} = \sqrt{400 \times \frac{1}{2} \times \frac{1}{2}} = 10$$

400 は十分大きい値であるから, X は近似的に正規分布 $N(200, 10^2)$ に従う。

ここで, $Z = \dfrac{X - 200}{10}$ とおくと, Z は近似的に標準正規分布 $N(0, 1)$ に従う。

$$X = 230 \text{ のとき} \quad Z = \frac{230 - 200}{10} = 3$$

であるから

$$P(X \geqq 230)$$
$$= P(Z \geqq 3)$$
$$= P(Z \geqq 0) - P(0 \leqq Z \leqq 3)$$
$$= 0.5 - 0.4987$$
$$= 0.0013$$

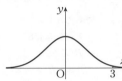

21 6 の目が出る回数を X とすると,

確率変数 X は二項分布 $B\left(720, \dfrac{1}{6}\right)$ に従う。

$$E(X) = 720 \times \frac{1}{6} = 120$$

$$\sigma(X) = \sqrt{V(X)} = \sqrt{720 \times \frac{1}{6} \times \frac{5}{6}} = 10$$

720 は十分大きい値であるから, X は近似的に正規分布 $N(120, 10^2)$ に従う。

ここで, $Z = \dfrac{X - 120}{10}$ とおくと, Z は近似的に標準正規分布 $N(0, 1)$ に従う。

$$X = 110 \text{ のとき} \quad Z = \frac{110 - 120}{10} = -1$$

であるから

$$P(X \geqq 110)$$
$$= P(Z \geqq -1)$$
$$= P(-1 \leqq X \leqq 0) + P(X \geqq 0)$$
$$= P(0 \leqq X \leqq 1) + P(X \geqq 0)$$
$$= 0.3413 + 0.5$$
$$= 0.8413$$

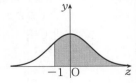

---

10 母集団と標本

チェック 10

ア 2

イ 1

ウ 1

22 (1) ⑤ ←母集団と標本がともに全国の高等学校

(2) ② ←母集団は完成した部品すべて, 標本はその一部

23 確率変数 X の確率分布は次のようになる。

X	0	1	2	3	計
P	$\dfrac{4}{20}$	$\dfrac{6}{20}$	$\dfrac{8}{20}$	$\dfrac{2}{20}$	1

よって, 母平均は

$$m = E(X)$$
$$= 0 \times \frac{4}{20} + 1 \times \frac{6}{20} + 2 \times \frac{8}{20} + 3 \times \frac{2}{20}$$
$$= \frac{28}{20} = \frac{7}{5}$$

母分散は

$$\sigma^2 = \left(0 - \frac{7}{5}\right)^2 \times \frac{4}{20} + \left(1 - \frac{7}{5}\right)^2 \times \frac{6}{20}$$
$$\quad + \left(2 - \frac{7}{5}\right)^2 \times \frac{8}{20} + \left(3 - \frac{7}{5}\right)^2 \times \frac{2}{20}$$
$$= \frac{196 + 24 + 72 + 128}{5^2 \times 20}$$
$$= \frac{420}{5^2 \times 20} = \frac{21}{25}$$

よって, 母標準偏差は

$$\sigma = \sqrt{\frac{21}{25}} = \frac{\sqrt{21}}{5}$$

別解 X^2 の期待値は

$$E(X^2) = 0^2 \times \frac{4}{20} + 1^2 \times \frac{6}{20} + 2^2 \times \frac{8}{20} + 3^2 \times \frac{2}{20}$$
$$= \frac{56}{20} = \frac{14}{5}$$

であるから, 母分散は

$$\sigma^2 = V(X)$$
$$= E(X^2) - \{E(X)\}^2$$
$$= \frac{14}{5} - \left(\frac{7}{5}\right)^2$$
$$= \frac{70 - 49}{25} = \frac{21}{25}$$

チェック11

ア $\dfrac{7}{3}$

イ $\dfrac{5}{9}$　　$\leftarrow\left(\dfrac{10}{60}+\dfrac{80}{60}+\dfrac{270}{60}\right)-\left(\dfrac{7}{3}\right)^2=6-\dfrac{49}{9}$

ウ $\dfrac{\sqrt{5}}{3}$

エ $\dfrac{7}{3}$

オ $\dfrac{\sqrt{5}}{30}$　$\leftarrow\dfrac{\frac{\sqrt{5}}{3}}{\sqrt{100}}$

参考

復元抽出では，取り出した個体をもとに戻してから次の個体を取り出すので，母集団の大きさに関係なく何度でも取り出す操作ができる。
そのため，チェック11のように，標本の大きさが母集団の大きさを上回ることもある。

24　期待値は
$$E(\overline{X})=50 \qquad \leftarrow E(\overline{X})=m$$
標準偏差は
$$\sigma(\overline{X})=\dfrac{10}{\sqrt{25}}=2 \qquad \leftarrow \sigma(\overline{X})=\dfrac{\sigma}{\sqrt{n}}$$

25　X_k の母集団分布は次の表のようになる。

X_k	1	0	計
P	$\dfrac{1}{10}$	$\dfrac{9}{10}$	1

(1)　母平均を m とすると
$$m=1\times\dfrac{1}{10}+0\times\dfrac{9}{10}=\dfrac{1}{10}$$
よって，期待値は
$$E(\overline{X})=m=\dfrac{1}{10}$$

(2)　母分散は
$$\sigma^2=\left(1^2\times\dfrac{1}{10}+0^2\times\dfrac{9}{10}\right)-\left(\dfrac{1}{10}\right)^2=\dfrac{9}{100}$$
よって，母標準偏差は
$$\sigma=\sqrt{\dfrac{9}{100}}=\dfrac{3}{10}$$
ゆえに，標準偏差は
$$\sigma(\overline{X})=\dfrac{\sigma}{\sqrt{n}}=\dfrac{3}{10\sqrt{n}}\leqq 0.03$$
すなわち　$\sqrt{n}\geqq 10$
両辺を2乗して　$n\geqq 100$
したがって，抽出される標本の大きさは少なくとも100個以上必要である。

チェック12

ア　120　　イ　1.6

ウ　120　　エ　1.6

オ　-1.25　　$\leftarrow\dfrac{118-120}{1.6}$

カ　0.1056　　$\leftarrow 0.5-0.3944$

26　標本の大きさが100で十分大きいから，標本平均 $\overline{X}$ は近似的に正規分布
$$N\left(150,\ \left(\dfrac{30}{\sqrt{100}}\right)^2\right)$$
すなわち $N(150,\ 3^2)$ に従う。

よって，$Z=\dfrac{\overline{X}-150}{3}$ とおくと，

Z は近似的に標準正規分布 $N(0,\ 1)$ に従う。

$X=156$ のとき　$Z=\dfrac{156-150}{3}=2$

であるから
$$P(X\leqq 156)$$
$$=P(Z\leqq 2)$$
$$=0.5+P(0\leqq Z\leqq 2)$$
$$=0.5+0.4772$$
$$=0.9772$$

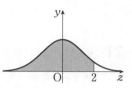

27　(1)　標本の大きさが100で十分大きいから，標本平均 $\overline{X}$ は近似的に正規分布
$$N\left(165,\ \left(\dfrac{10}{\sqrt{100}}\right)^2\right)$$
すなわち $N(165,\ 1^2)$ に従う。
よって
$$Z=\dfrac{\overline{X}-165}{1}=\overline{X}-165$$
とおくと，Z は近似的に標準正規分布 $N(0,\ 1)$ に従う。

$\overline{X}=163$ のとき　$Z=-2$

$\overline{X}=167$ のとき　$Z=2$

であるから
$$P(163\leqq \overline{X}\leqq 167)$$
$$=P(-2\leqq Z\leqq 2)$$
$$=2\times P(0\leqq Z\leqq 2)$$
$$=2\times 0.4772$$
$$=0.9544$$

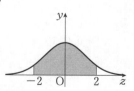

(2) n が十分大きいとき

$$Z = \dfrac{\overline{X} - 165}{\dfrac{10}{\sqrt{n}}}$$

とおくと，Z は近似的に標準正規分布
$N(0,\ 1)$ に従う。

$\overline{X} = 164$ のとき $Z = -\dfrac{\sqrt{n}}{10}$

$\overline{X} = 166$ のとき $Z = \dfrac{\sqrt{n}}{10}$

であるから

$$P(164 \leqq \overline{X} \leqq 166) = P\left(-\dfrac{\sqrt{n}}{10} \leqq Z \leqq \dfrac{\sqrt{n}}{10}\right)$$
$$= 2 \times P\left(0 \leqq Z \leqq \dfrac{\sqrt{n}}{10}\right)$$

これが 0.8664 以上となるから

$$2 \times P\left(0 \leqq Z \leqq \dfrac{\sqrt{n}}{10}\right) \geqq 0.8664$$

すなわち

$$P\left(0 \leqq Z \leqq \dfrac{\sqrt{n}}{10}\right) \geqq 0.4332$$

正規分布表より

$$\dfrac{\sqrt{n}}{10} \geqq 1.5$$

$$\sqrt{n} \geqq 15$$

両辺を 2 乗して　$n \geqq 225$

よって，225 個の個体以上を選んだときである。

13 母平均の推定

チェック 13

ア	1.96	イ	1.96
ウ	2.94	エ	2.94
オ	147.06	カ	152.94

28　母標準偏差が 6，
標本の大きさが 400，
標本平均が 23.5
であるから，信頼度 95 % の信頼区間は

$$23.5 - 1.96 \times \dfrac{6}{\sqrt{400}} \leqq m \leqq 23.5 + 1.96 \times \dfrac{6}{\sqrt{400}}$$

$$23.5 - 0.588 \leqq m \leqq 23.5 + 0.588$$

すなわち

$$22.912 \leqq m \leqq 24.088$$

参考

問題 28 で，信頼度 99 % の信頼区間を考えると

$$23.5 - 2.58 \times \dfrac{6}{\sqrt{400}} \leqq m \leqq 23.5 + 2.58 \times \dfrac{6}{\sqrt{400}}$$

$$23.5 - 0.774 \leqq m \leqq 23.5 + 0.774$$

すなわち

$$22.726 \leqq m \leqq 24.274$$

29　(1)　母標準偏差の代わりに
標本の標準偏差 0.35 kg を用いると，
標本の大きさが 100，
標本平均が 2.57
であるから，信頼度 95 % の信頼区間は

$$2.57 - 1.96 \times \dfrac{0.35}{\sqrt{100}} \leqq m \leqq 2.57 + 1.96 \times \dfrac{0.35}{\sqrt{100}}$$

$$2.57 - 0.0686 \leqq m \leqq 2.57 + 0.0686$$

すなわち

$$2.5014 \leqq m \leqq 2.6386$$

(2)　母標準偏差の代わりに
標本の標準偏差 0.35 kg を用いる。
標本の大きさを n とすると，
信頼度 95 % の信頼区間は

$$\overline{X} - 1.96 \times \dfrac{0.35}{\sqrt{n}} \leqq m \leqq \overline{X} + 1.96 \times \dfrac{0.35}{\sqrt{n}}$$

よって，信頼区間の幅は

$$2 \times \left(1.96 \times \dfrac{0.35}{\sqrt{n}}\right)$$

これが 0.1 kg 以下となるから

$$1.96 \times \dfrac{0.35}{\sqrt{n}} \leqq 0.05$$

ゆえに

$$\sqrt{n} \geqq \dfrac{1.96 \times 0.35}{0.05}$$

$$\sqrt{n} \geqq 13.72$$

すなわち

$$n \geqq 188.2384$$

したがって，189 匹以上

参考

問題 29 (1) で，信頼度 99 % で推定すると

$$2.57 - 2.58 \times \dfrac{0.35}{\sqrt{100}} \leqq m \leqq 2.57 + 2.58 \times \dfrac{0.35}{\sqrt{100}}$$

$$2.57 - 0.0903 \leqq m \leqq 2.57 + 0.0903$$

$$2.4797 \leqq m \leqq 2.6603$$

問題 29 (2) で，信頼度 99 % の信頼区間の幅を
0.1 kg 以下にするには

$$2.58 \times \dfrac{0.35}{\sqrt{n}} \leqq 0.05$$

$$\sqrt{n} \geqq \dfrac{2.58 \times 0.35}{0.05}$$

$$\sqrt{n} \geqq 18.06$$

すなわち

$$n \geqq 326.1636$$

したがって，326 匹以上にすればよい。

14 母比率の推定

チェック14

ア 1.96　イ 1.96

ウ 0.0412　←$0.1 - 1.96 \times \frac{3}{100}$

エ 0.1588　←$0.1 + 1.96 \times \frac{3}{100}$

30 標本の内閣支持率は

$$\frac{200}{400} = 0.5$$

であるから，求める信頼区間は

$$0.5 - 1.96\sqrt{\frac{0.5 \times (1 - 0.5)}{400}} \leqq p$$

$$\leqq 0.5 + 1.96\sqrt{\frac{0.5 \times (1 - 0.5)}{400}}$$

$$0.5 - 1.96 \times \frac{1}{40} \leqq p \leqq 0.5 + 1.96 \times \frac{1}{40}$$

よって

$$0.451 \leqq p \leqq 0.549$$

31 標本比率は　$\frac{98}{4900} = 0.02$

よって，信頼度 95 % の信頼区間は

$$0.02 - 1.96\sqrt{\frac{0.02 \times (1 - 0.02)}{4900}} \leqq p$$

$$\leqq 0.02 + 1.96\sqrt{\frac{0.02 \times (1 - 0.02)}{4900}}$$

$$0.02 - 1.96\sqrt{\frac{196}{49 \times 100^3}} \leqq p$$

$$\leqq 0.02 + 1.96\sqrt{\frac{196}{49 \times 100^3}}$$

$$0.02 - 1.96 \times 0.002 \leqq p \leqq 0.02 + 1.96 \times 0.002$$

よって

$$0.01608 \leqq p \leqq 0.02392$$

ゆえに，不良品の比率は

1.608 % 以上 2.392 % 以下と推定できる。

参考

問題 31 において，信頼度 99 % で推定すると

$$0.02 - 2.58 \times \sqrt{\frac{0.02 \times (1 - 0.02)}{4900}} \leqq p$$

$$\leqq 0.02 + 2.58 \times \sqrt{\frac{0.02 \times (1 - 0.02)}{4900}}$$

$$0.02 - 2.58 \times 0.002 \leqq p \leqq 0.02 + 2.58 \times 0.002$$

よって

$$0.01484 \leqq p \leqq 0.02516$$

ゆえに，1.484 % 以上 2.516 % 以下

32 標本比率が 0.2 であるから，
標本の大きさを n とすると，
信頼区間 95 % の信頼区間は

$$0.2 - 1.96\sqrt{\frac{0.2 \times (1 - 0.2)}{n}} \leqq p$$

$$\leqq 0.2 + 1.96\sqrt{\frac{0.2 \times (1 - 0.2)}{n}}$$

よって，信頼区間の幅は

$$2 \times 1.96 \times \sqrt{\frac{0.16}{n}} = 3.92 \times \frac{0.4}{\sqrt{n}}$$

これが 7.84 % 以下であるから

$$3.92 \times \frac{0.4}{\sqrt{n}} \leqq 0.0784$$

よって　$\sqrt{n} \geqq \dfrac{3.92 \times 0.4}{0.0784}$

ゆえに　$\sqrt{n} \geqq 20$

両辺を 2 乗して　$n \geqq 400$

ゆえに，400 人以上抽出して調査すればよい。

15 仮説検定

チェック15

ア 変わらない

イ 1.96　　ウ 1.96

エ 99.412　オ 100.588

カ 入る　　キ される　ク いえる

33 帰無仮説は「この日の製品は正常である」

帰無仮説が正しければ，

この日の製品の長さ X cm は正規分布

$$N(80, \ 0.5^2)$$

に従う。

このとき，標本平均 $\overline{X}$ は正規分布

$$N\left(80, \ \frac{0.5^2}{100}\right)$$

に従う。

よって，有意水準 5 % の棄却域は

$$\overline{X} \leqq 80 - 1.96 \times \frac{0.5}{\sqrt{100}},$$

$$80 + 1.96 \times \frac{0.5}{\sqrt{100}} \leqq \overline{X}$$

すなわち

$$\overline{X} \leqq 79.902, \quad 80.098 \leqq \overline{X}$$

$\overline{X} = 81$ はこの棄却域に入るから，

帰無仮説は棄却される。

ゆえに，この日の製品は異常であるといえる。

34 帰無仮説は「今回の視聴率は前回と同じ」

帰無仮説が正しければ，A 番組の視聴率は

$$\frac{20}{100} = \frac{1}{5}$$

である。

ここで，400 人に調査したとき，A 番組を視聴した人数を X とすると，X は二項分布

$$B\left(400, \frac{1}{5}\right)$$

に従う。

このとき，X の期待値 m と標準偏差 σ は

$$m = 400 \times \frac{1}{5} = 80,$$

$$\sigma = \sqrt{400 \times \frac{1}{5} \times \frac{4}{5}} = 8$$

であるから，X は近似的に正規分布

$$N(80, 8^2)$$

に従う。

よって，有意水準 5 % の棄却域は

$$\overline{X} \leqq 80 - 1.96 \times 8, \quad 80 + 1.96 \times 8 \leqq \overline{X}$$

すなわち

$$\overline{X} \leqq 64.32, \quad 95.68 \leqq \overline{X}$$

63 人の場合には，

$\overline{X} = 63$ がこの棄却域に入るから，

帰無仮説は棄却される。

ゆえに，今回の視聴率は前回と異なるといえる。

また，90 人の場合には，

$\overline{X} = 90$ が棄却域に入らないから，

帰無仮説は棄却されない。

ゆえに，前回と異なるとはいえない。

参考

ここまで仮説検定について学習したが，仮説検定には両側検定とよばれるものと，片側検定とよばれるものがある。

問題 33 の「異常であったといえるか」のように，重い側と軽い側の両方を考える仮説検定を両側検定という。

対して，「この日の製品はいつもより重いといえるか」を考える場合は，片側検定を行う。

このとき，棄却域は，

右の図のように

$$80 + 1.64\sigma \leqq \overline{X}$$

と表せるから

$$80 + 1.64 \times \frac{0.5}{\sqrt{100}} \leqq \overline{X}$$

すなわち

$$80.082 \leqq \overline{X}$$

$\overline{X} = 81$ は棄却域に入るから，帰無仮説は棄却される。

ゆえに，この日の製品はいつもより重いといえる。

チャレンジ問題

1

(1) X の平均（期待値）は

$$E(X) = 0 \times \frac{612}{720} + 1 \times \frac{54}{720} + 2 \times \frac{36}{720} + 3 \times \frac{18}{720}$$

$$= \frac{54 + 72 + 54}{720} = \frac{180}{720} = \frac{^{\text{ア}}\boxed{1}}{^{\text{イ}}\boxed{4}}$$

X^2 の平均（期待値）は

$$E(X^2) = 0^2 \times \frac{612}{720} + 1^2 \times \frac{54}{720} + 2^2 \times \frac{36}{720} + 3^2 \times \frac{18}{720}$$

$$= \frac{54 + 144 + 162}{720} = \frac{360}{720} = \frac{^{\text{ウ}}\boxed{1}}{^{\text{エ}}\boxed{2}}$$

よって，X の標準偏差は

$$\sigma(X) = \sqrt{V(X)}$$

$$= \sqrt{E(X^2) - \{E(X)\}^2}$$

$$= \sqrt{\frac{1}{2} - \frac{1}{16}} = \sqrt{\frac{7}{16}} = \frac{\sqrt{^{\text{オ}}\boxed{7}}}{^{\text{カ}}\boxed{4}}$$

(2) $p = 0.4$ のとき，Y の平均（期待値）は

$$E(Y) = 600 \times 0.4 = {}^{\text{キクケ}}\boxed{240}$$

Y の標準偏差は

$$\sigma(Y) = \sqrt{V(Y)} = \sqrt{600 \times 0.4 \times 0.6} = \sqrt{144} = {}^{\text{コサ}}\boxed{12}$$

標本数 600 は十分に大きいので，Y は近似的に正規分布

$$N(240,\ 144) \qquad \leftarrow N(240,\ 12^2)$$

に従う。

ここで，$Z = \dfrac{Y - 240}{12}$ とおくと，Z は近似的に標準正規分布

$$N(0,\ 1)$$

に従う。

$$Y = 215 \text{ のとき} \quad Z = \frac{215 - 240}{12} = -\frac{25}{12} = -2.0833\cdots$$

であるから

$$P(Y \leqq 215) \fallingdotseq P(Z \leqq -2.08)$$

$$= P(Z \geqq 2.08)$$

$$= P(Z \geqq 0) - P(0 \leqq Z \leqq 2.08)$$

$$= 0.5 - 0.4812 = 0.0188 \fallingdotseq 0.{}^{\text{シス}}\boxed{02}$$

Y の平均（期待値）は $E(Y) = 600 \times p$ であるから，
$p = 0.2$ のときの $E(Y)$ は，$p = 0.4$ のときの

$$\frac{600 \times 0.2}{600 \times 0.4} = \frac{1}{^{\text{セ}}\boxed{2}} \text{（倍）}$$

Y の標準偏差は $\sigma(Y) = \sqrt{600 \times p \times (1 - p)}$ であるから，
$p = 0.2$ のときの $\sigma(Y)$ は，$p = 0.4$ のときの

$$\frac{\sqrt{600 \times 0.2 \times 0.8}}{\sqrt{600 \times 0.4 \times 0.6}} = \frac{\sqrt{0.16}}{\sqrt{0.24}} = \frac{\sqrt{2}}{\sqrt{3}} = \sqrt{\frac{^{\text{ソ}}\boxed{6}}{3}} \text{（倍）}$$

●確率変数 X の期待値
$$E(X) = \sum_{k=1}^{n} x_k p_k$$

●確率変数 X の標準偏差
$$\sigma(X) = \sqrt{V(X)} = \sqrt{E(X)^2 - \{E(X)\}^2}$$

●二項分布の期待値と標準偏差
確率変数 X が二項分布 $B(n,\ p)$ に従うとき，期待値と分散は
$$E(X) = np$$
$$\sigma(X) = \sqrt{V(X)} = \sqrt{np(1-p)}$$

●二項分布の正規分布による近似
二項分布 $B(n,\ p)$ は，n が十分大きいとき，正規分布 $N(np,\ np(1-p))$ で近似できる。

(3) 標本平均の平均（期待値）は

$$E(W) = m$$

であるから，$U_1,\ U_2,\ U_3,\ \cdots,\ U_n$ の平均（期待値）は   ← $U_n = W_n - 60$

$$E(U_1) = E(U_2) = E(U_3) = \cdots = E(U_n) = m - \overset{\text{タチ}}{\boxed{60}}$$

また，標本平均の標準偏差は

$$\sigma(W) = 30$$

であるから，$U_1,\ U_2,\ U_3,\ \cdots,\ U_n$ の標準偏差は

$$\sigma(U_1) = \sigma(U_2) = \sigma(U_3) = \cdots = \sigma(U_n) = \overset{\text{ツテ}}{\boxed{30}}$$

ここで，$t = m - 60$ に対する信頼度 95 % の信頼区間は

母標準偏差が 30，

標本の大きさが 100，

標本平均が 50

であるから

$$50 - 1.96 \times \frac{30}{\sqrt{100}} \leqq t \leqq 50 + 1.96 \times \frac{30}{\sqrt{100}}$$

$$50 - 5.88 \leqq t \leqq 50 + 5.88$$

よって $44.12 \leqq t \leqq 55.88$

すなわち，およそ $\overset{\text{トナ}}{\boxed{44}}.\overset{\text{ニ}}{\boxed{1}} \leqq t \leqq \overset{\text{ヌネ}}{\boxed{55}}.\overset{\text{ノ}}{\boxed{9}}$

●標本平均の期待値と標準偏差

母平均が m，母標準偏差が σ のとき

$$E(\overline{X}) = m,\quad \sigma(\overline{X}) = \frac{\sigma}{\sqrt{n}}$$

● $aX + b$ の期待値と分散・標準偏差

$$E(aX + b) = aE(X) + b$$
$$V(aX + b) = a^2 V(X)$$
$$\sigma(aX + b) = |a|\sigma(X)$$

●母平均の推定

母標準偏差 σ の母集団から，大きさ n の標本を抽出するとき，n が十分大きければ，母平均 m に対する信頼度 95 % の信頼区間は

$$\overline{X} - \frac{1.96\sigma}{\sqrt{n}} \leqq m \leqq \overline{X} + \frac{1.96\sigma}{\sqrt{n}}$$

2

(1) 全く読書をしなかった生徒の母比率が 0.5，標本の大きさが 100 であるから，

X は二項分布 $B(100,\ 0.5)$ に従う。 $\overset{\text{ア}}{③}$

よって，X の平均（期待値）は

$$E(X) = 100 \times 0.5 = \overset{\text{イウ}}{\boxed{50}}$$

X の標準偏差は

$$\sigma(X) = \sqrt{V(X)}$$
$$= \sqrt{100 \times 0.5 \times 0.5} = \sqrt{25} = \overset{\text{エ}}{\boxed{5}}$$

(2) 標本の大きさ 100 が十分に大きいから，

母比率が 0.5 のとき，X は近似的に正規分布 $N(50,\ 25)$ に従う。

ここで，$Z = \dfrac{X - 50}{5}$ とおくと，Z は標準正規分布 $N(0,\ 1)$ に従う。

$X = 36$ のとき $Z = \dfrac{36 - 50}{5} = \dfrac{-14}{5} = -2.8$

であるから

$$p_5 = P(X \leqq 36) = P(Z \leqq -2.8)$$
$$= P(Z \geqq 2.8)$$
$$= P(Z \geqq 0) - P(0 \leqq Z \leqq 2.8)$$
$$= 0.5 - 0.4974 = 0.0026 \fallingdotseq 0.003\quad \overset{\text{オ}}{①}$$

同様に，母比率が 0.4 のとき，X は近似的に正規分布 $N(40,\ 24)$ に従う。

ここで，$Z = \dfrac{X - 40}{\sqrt{24}}$ とおくと，Z は標準正規分布 $N(0,\ 1)$ に従う。

$X = 36$ のとき $Z = \dfrac{36 - 40}{\sqrt{24}} = \dfrac{-4}{2\sqrt{6}} = -\dfrac{\sqrt{6}}{3} \fallingdotseq -0.82$

であるから

$$p_4 = P(X \leqq 36) = P(Z \leqq -0.82) = P(Z \geqq 0.82) > P(Z \geqq 2.8)$$

すなわち $p_4 > p_5$ $\overset{\text{カ}}{②}$

●二項分布

1 回の試行で事象 A の起こる確率が p のとき，この試行を n 回行う反復試行において，A の起こる回数が $X = r$ となる確率は

$$P(X = r) = {}_nC_r p^r q^{n-r}$$

$(r = 0,\ 1,\ 2,\ 3,\ \cdots,\ n,\ 0 < p < 1,\ q = 1 - p)$

確率変数 X の確率分布がこの式で与えられるとき，X は二項分布 $B(n,\ p)$ に従うという。

(3) C_1, C_2 は信頼区間の両端の値であり，標本平均が 204 であるから

$$C_1 + C_2 = 2 \times 204 = {}^{\text{キクケ}}\boxed{408}$$　←信頼度 95 % の信頼区間は $\overline{X} - 1.96 \times \dfrac{\sigma}{\sqrt{n}} \leqq m \leqq \overline{X} + 1.96 \times \dfrac{\sigma}{\sqrt{n}}$

標本の大きさが 100，母標準偏差が 150 であるから

$$C_2 - C_1 = 2 \times \frac{1.96 \times 150}{\sqrt{100}} = 2 \times \frac{294}{10} = {}^{\text{コサ}}\boxed{58}.{}^{\text{シ}}\boxed{8}$$

また，C_1，C_2 は標本平均 $\overline{X}$ によって変動する値であるから，標本ごとに変動する。

$C_1 \leqq m \leqq C_2$ は母平均 m に対する信頼度 95 % の信頼区間であるから，

大きさ 100 の標本をとって，それぞれの標本平均 $\overline{X}$ について，

　　区間 $C_1 \leqq x \leqq C_2$

をつくる操作を何度も行うと，作った区間の中のおよそ 95 % に母平均 m が含まれる。

すなわち，作った区間 $C_1 \leqq x \leqq C_2$ のうち，およそ 5 % は母平均 m を含まず，

区間のどちら側に外れる場合も存在しうる。

よって，$C_1 \leqq m$ も $m \leqq C_2$ も成り立つとは限らない。${}^{\text{ス}}\boxed{③}$

(4) 図書委員長による調査は校長先生による調査と母集団が同じである。

また，独自の無作為抽出で，標本の大きさは 100 であるから，

n は $0 \leqq n \leqq 100$ の範囲で変動しうる。

よって，n と 36 との大小はわからない。${}^{\text{セ}}\boxed{③}$

(5) C_1，C_2，D_1，D_2 は標本平均 $\overline{X}$ によって変動する値であるから，標本ごとに変動する。

よって，C_1 と D_1，C_2 と D_2，C_1 と D_2，C_2 と D_1 について，

それぞれの間の大小関係は標本ごとに異なりうる。

すなわち，⓪，①は誤りで，②は正しい。

一方，(3)でも考えたように，$C_2 - C_1$，$D_2 - D_1$ は，標本の大きさと母標準偏差によって

　　$C_2 - C_1 = D_2 - D_1 = 58.8$

と定まるから，④は正しく，③，⑤は誤り。

以上より，正しいものは ${}^{\text{ソ}}\boxed{②}$，${}^{\text{タ}}\boxed{④}$（ソ・タは順不同）

3

(1) 重さが 200 g を超えるジャガイモの母比率は 0.25，

標本の大きさが 400 であるから，

Z は二項分布 $B(400,\ 0.{}^{\text{アイ}}\boxed{25})$ に従う。

よって，Z の平均（期待値）は

$$E(Z) = 400 \times 0.25 = {}^{\text{ウエオ}}\boxed{100}$$

(2) 標本比率 $R = \dfrac{Z}{400}$ の標準偏差は

$$\begin{aligned}
\sigma(R) = \sigma\!\left(\frac{Z}{400}\right) &= \frac{1}{400}\sigma(Z) \qquad \leftarrow \sigma(aX+b) = |a|\sigma(X) \\
&= \frac{1}{400}\sqrt{V(Z)} \\
&= \frac{1}{400}\sqrt{400 \times 0.25 \times 0.75} \\
&= \frac{1}{400}\sqrt{75} = \frac{\sqrt{3}}{80} \qquad {}^{\text{カ}}\boxed{②}
\end{aligned}$$

標本の大きさ 400 は十分に大きいので，

R は近似的に正規分布 $N\!\left(0.25,\ \left(\dfrac{\sqrt{3}}{80}\right)^{2}\right)$ に従う。

ここで，$W = \dfrac{R - 0.25}{\dfrac{\sqrt{3}}{80}} = \dfrac{80R - 20}{\sqrt{3}}$ とおくと，

W は近似的に標準正規分布 $N(0,\ 1)$ に従う。

$R = x$ のとき $\quad W = \dfrac{80x - 20}{\sqrt{3}}$

であるから

$$P(R \geqq x) = P\left(W \geqq \dfrac{80x - 20}{\sqrt{3}}\right) \qquad \leftarrow \text{右の図の灰色部分}$$

$$= 0.5 - P\left(0 \leqq W \leqq \dfrac{80x - 20}{\sqrt{3}}\right) = 0.0465$$

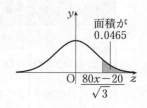

よって $\quad P\left(0 \leqq W \leqq \dfrac{80x - 20}{\sqrt{3}}\right) = 0.4535$

正規分布表より $\quad \dfrac{80x - 20}{\sqrt{3}} = 1.68$

すなわち $\quad 80x - 20 \fallingdotseq 1.68 \times 1.73$

$$80x \fallingdotseq 2.9064 + 20$$

$$x \fallingdotseq 22.9064 \div 80$$

$$x \fallingdotseq 0.286\cdots \quad ^{\text{キ}}\boxed{②}$$

(3) $f(x)$ は X の確率密度関数であるから

$$P(100 \leqq x \leqq 300) = {}^{\text{ク}}\boxed{1}$$

よって，右の図の灰色の部分の面積を考えて

$$\dfrac{f(100) + f(300)}{2} \times (300 - 100) = 1$$

$$\dfrac{(100a + b) + (300a + b)}{2} \times 200 = 1$$

$$(400a + 2b) \times 100 = 1$$

$$40000a + 200b = 1$$

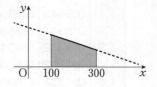

ゆえに $\quad {}^{\text{ケ}}\boxed{4} \cdot 10^4 a + {}^{\text{コ}}\boxed{2} \cdot 10^2 b = 1 \quad \cdots\cdots ①$

X の平均（期待値）m の定義は

$$m = \int_{100}^{300} x f(x) dx$$

であるから

$$m = \int_{100}^{300} x(ax + b)dx$$

$$= \int_{100}^{300} (ax^2 + bx)dx$$

$$= \left[\dfrac{a}{3}x^3 + \dfrac{b}{2}x^2\right]_{100}^{300} = \dfrac{26}{3} \cdot 10^6 a + 4 \cdot 10^4 b$$

これが標本平均 180 g と等しくなるとき

$$\dfrac{26}{3} \cdot 10^6 a + 4 \cdot 10^4 b = 180 \quad \cdots\cdots②$$

であるから，②×3 − ①×600 より

$$2 \cdot 10^6 a = -60$$

すなわち $\quad a = -3 \cdot 10^{-5}$

これを①に代入して

$$-1.2 + 200b = 1$$

$$200b = 2.2$$

すなわち $\quad b = 11 \cdot 10^{-3}$

以上より，確率密度関数は

$$f(x) = -{}^{\text{サ}}\boxed{3} \cdot 10^{-5}x + {}^{\text{シス}}\boxed{11} \cdot 10^{-3}$$

したがって，重さが 200 g 以上のものは，

右の図の斜線の部分の面積を考えて

$$\dfrac{f(200) + f(300)}{2} \times (300 - 200) = \dfrac{(200a + b) + (300a + b)}{2} \times 100$$

$$= (250a + b) \times 100 = -0.75 + 1.1 = 0.35$$

より，35 % あると見積もることができる。 $\quad ^{\text{セ}}\boxed{②}$

正規分布表

t	.00	.01	.02	.03	.04	.05	.06	.07	.08	.09
0.0	0.0000	0.0040	0.0080	0.0120	0.0160	0.0199	0.0239	0.0279	0.0319	0.0359
0.1	0.0398	0.0438	0.0478	0.0517	0.0557	0.0596	0.0636	0.0675	0.0714	0.0753
0.2	0.0793	0.0832	0.0871	0.0910	0.0948	0.0987	0.1026	0.1064	0.1103	0.1141
0.3	0.1179	0.1217	0.1255	0.1293	0.1331	0.1368	0.1406	0.1443	0.1480	0.1517
0.4	0.1554	0.1591	0.1628	0.1664	0.1700	0.1736	0.1772	0.1808	0.1844	0.1879
0.5	0.1915	0.1950	0.1985	0.2019	0.2054	0.2088	0.2123	0.2157	0.2190	0.2224
0.6	0.2257	0.2291	0.2324	0.2357	0.2389	0.2422	0.2454	0.2486	0.2517	0.2549
0.7	0.2580	0.2611	0.2642	0.2673	0.2704	0.2734	0.2764	0.2794	0.2823	0.2852
0.8	0.2881	0.2910	0.2939	0.2967	0.2995	0.3023	0.3051	0.3078	0.3106	0.3133
0.9	0.3159	0.3186	0.3212	0.3238	0.3264	0.3289	0.3315	0.3340	0.3365	0.3389
1.0	0.3413	0.3438	0.3461	0.3485	0.3508	0.3531	0.3554	0.3577	0.3599	0.3621
1.1	0.3643	0.3665	0.3686	0.3708	0.3729	0.3749	0.3770	0.3790	0.3810	0.3830
1.2	0.3849	0.3869	0.3888	0.3907	0.3925	0.3944	0.3962	0.3980	0.3997	0.4015
1.3	0.4032	0.4049	0.4066	0.4082	0.4099	0.4115	0.4131	0.4147	0.4162	0.4177
1.4	0.4192	0.4207	0.4222	0.4236	0.4251	0.4265	0.4279	0.4292	0.4306	0.4319
1.5	0.4332	0.4345	0.4357	0.4370	0.4382	0.4394	0.4406	0.4418	0.4429	0.4441
1.6	0.4452	0.4463	0.4474	0.4484	0.4495	0.4505	0.4515	0.4525	0.4535	0.4545
1.7	0.4554	0.4564	0.4573	0.4582	0.4591	0.4599	0.4608	0.4616	0.4625	0.4633
1.8	0.4641	0.4649	0.4656	0.4664	0.4671	0.4678	0.4686	0.4693	0.4699	0.4706
1.9	0.4713	0.4719	0.4726	0.4732	0.4738	0.4744	0.4750	0.4756	0.4761	0.4767
2.0	0.4772	0.4778	0.4783	0.4788	0.4793	0.4798	0.4803	0.4808	0.4812	0.4817
2.1	0.4821	0.4826	0.4830	0.4834	0.4838	0.4842	0.4846	0.4850	0.4854	0.4857
2.2	0.4861	0.4864	0.4868	0.4871	0.4875	0.4878	0.4881	0.4884	0.4887	0.4890
2.3	0.4893	0.4896	0.4898	0.4901	0.4904	0.4906	0.4909	0.4911	0.4913	0.4916
2.4	0.4918	0.4920	0.4922	0.4925	0.4927	0.4929	0.4931	0.4932	0.4934	0.4936
2.5	0.4938	0.4940	0.4941	0.4943	0.4945	0.4946	0.4948	0.4949	0.4951	0.4952
2.6	0.4953	0.4955	0.4956	0.4957	0.4959	0.4960	0.4961	0.4962	0.4963	0.4964
2.7	0.4965	0.4966	0.4967	0.4968	0.4969	0.4970	0.4971	0.4972	0.4973	0.4974
2.8	0.4974	0.4975	0.4976	0.4977	0.4977	0.4978	0.4979	0.4979	0.4980	0.4981
2.9	0.4981	0.4982	0.4982	0.4983	0.4984	0.4984	0.4985	0.4985	0.4986	0.4986
3.0	0.4987	0.4987	0.4987	0.4988	0.4988	0.4989	0.4989	0.4989	0.4990	0.4990
3.1	0.4990	0.4991	0.4991	0.4991	0.4992	0.4992	0.4992	0.4992	0.4993	0.4993
3.2	0.4993	0.4993	0.4994	0.4994	0.4994	0.4994	0.4994	0.4995	0.4995	0.4995
3.3	0.4995	0.4995	0.4995	0.4996	0.4996	0.4996	0.4996	0.4996	0.4996	0.4997
3.4	0.4997	0.4997	0.4997	0.4997	0.4997	0.4997	0.4997	0.4997	0.4997	0.4998
3.5	0.4998	0.4998	0.4998	0.4998	0.4998	0.4998	0.4998	0.4998	0.4998	0.4998